烧结砖瓦隧道窑工艺技术

刘勤锋　主　编
刘晓宝　赵镇魁　副主编

中国建筑工业出版社

图书在版编目（CIP）数据

烧结砖瓦隧道窑工艺技术 / 刘勤锋主编；刘晓宝，
赵镇魁副主编. — 北京：中国建筑工业出版社，2024.3
ISBN 978-7-112-29668-2

Ⅰ.①烧…　Ⅱ.①刘…②刘…③赵…　Ⅲ.①砖-生
产-隧道窑-工程施工　Ⅳ.①TU522

中国国家版本馆 CIP 数据核字（2024）第 056753 号

本书共分十章，详细介绍了隧道窑的总体设计概述，燃料及其燃烧计算，烧结砖瓦隧道窑
的热工测量与热平衡，燃烧装置。对有特色的几种隧道窑及与隧道窑烧成相关的基础知识也作
了简要介绍。另外，还特别介绍了河南亚新窑炉有限公司最新发明的多拼式隧道窑。

河南亚新窑炉有限公司总经理刘恩光和副总经理刘辉为本书的编写提供了部分素材，特此
感谢。

责任编辑：徐仲莉　王砾瑶

责任校对：赵　力

烧结砖瓦隧道窑工艺技术

刘勤锋　主　编

刘晓宝　赵镇魁　副主编

*

中国建筑工业出版社出版、发行（北京海淀三里河路 9 号）

各地新华书店、建筑书店经销

北京科地亚盟排版公司制版

天津画中画印刷有限公司印刷

*

开本：787 毫米×1092 毫米　1/16　印张：11　字数：235 千字

2024 年 5 月第一版　　2024 年 5 月第一次印刷

定价：**68.00** 元

ISBN 978-7-112-29668-2

（42679）

前　言

在烧结砖瓦生产中，烧成是关键的环节。产品质量的好坏，最后决定于烧成工序。而烧成的质量又与窑炉的选型和设计有着密切的关系。

隧道窑是烧结砖瓦工业中的先进窑型。和其他窑型相比，它具有产量大、产品质量好、节省燃料、劳动生产率高和劳动条件较好等一系列优点。

选择和设计隧道窑应符合下列要求：

（1）产品质量要好。隧道窑的结构系统、热工测量及调节系统等应能满足制品的烧成制度（温度、压力、气氛）的要求，以保证产品的高质量。

（2）烧成周期要短。应尽可能地为快速烧成创造条件，使产品的烧成速度接近于其理论烧成速度，这就要求窑内各横断面上下左右温度趋于均匀一致，并能灵活地实现各种调节。

（3）生产产量要大。应合理地确定窑的断面尺寸（长、内宽、内高），合理码坯垛，并采用相应的技术措施，进行快速烧成，满足产量大的要求。

（4）生产成本（尤其是燃料消耗）要低。既要重视节约一次性基建投资，更要重视长期生产成本的降低。尽可能降低热损失，并充分利用余热、废热。

（5）操作条件要好。要充分考虑到工人操作的安全性和方便性。要根据生产的规模和品种，从实际出发恰当地确定机械化、自动化、智能化的程度，并应采取必要的防火、防爆等技术措施。

（6）要有一定的灵活性。烧结砖瓦厂中的产品品种、规格常有变化，所以要适当地考虑到烧成制度、坯垛形式等变化的可能性。

目　　录

第一章 隧道窑的总体设计概述

第一节 概 述

一、隧道窑的结构形式和工作原理

隧道窑的结构形式很多，按形状分为单通道直线形、多通道并列直线形、单通道多拼直线形（河南亚新窑炉有限公司专利）、焙烧窑和干燥窑连体的"一条龙"直线形、环形移动式隧道窑、梭式窑、辊道窑、推板窑等。除了环形移动式隧道窑、辊道窑和推板窑不用窑车外，其余直线形隧道窑内均装满窑车。但是，单通道直线形窑车式隧道窑是烧结砖瓦厂采用的一种最基本的结构形式，故本章主要介绍这种窑的设计。

隧道窑是一种对制品进行热加工的连续工作设备。它分为预热带、烧成带、冷却带三部分，按照既定的温度曲线，对制品先进行加热，然后冷却。

在隧道窑中，制品前进方向与窑内气流方向相反。制品在预热带利用来自烧成带的烟气进行预热，然后经烧成带达到一定的温度而烧成，之后进入冷却带，借窑尾送入的冷空气进行冷却。与此同时，制品将本身的热量传给冷空气，此冷空气经加热升温后，其中一部分流至烧成带作助燃，另一部分抽出作坯体干燥用。

燃料和助燃空气混合燃烧，直接加热和焙烧制品后，由预热带两侧的排烟孔，经烟道由排烟风机送至烟囱排出。

二、隧道窑总体设计的要求

隧道窑的总体设计之所以重要，是因为它不但关系到窑投产后能否达到优质、高产、低消耗，而且关系到建造的速度、一次投资的多少、建成后好不好操作、劳动强度大小、使用寿命长短等问题。因此设计时必须做到以下方面：

1）应满足制品烧成制度的要求。

隧道窑的工作系统和各带结构是根据制品的烧成制度（温度制度、压力制度、气氛制度）来确定的。压力制度是温度制度和气氛制度的保证。而制品的烧成制度又和制品焙烧过程的物化反应密切相关。随着焙烧制品的品种不同，窑内进行的物化反应过程也不同。下面我们以黏土制烧结砖为例，说明制定烧成制度时应当考虑的因素。

经干燥后的坯体入窑后，在加热焙烧过程中会发生一系列的物理化学变化，这些变化取决于坯体的矿物组成、化学成分、焙烧温度、烧成时间、焙烧收缩、颗粒组成等。此外，窑内气氛对焙烧结果也是一个重要的影响因素。变化的主要内容有：矿物结构的变化，生成新矿物；各种组分发生分解、化合、再结晶、扩散、熔融、颜色、密度、吸收率等一系列的变化。最后变成具有一定颜色、致密坚硬、机械强度高的制品。

当坯体被加热时，首先排除原料矿物中的水分。在200℃以前，残余的自由水及大气吸附水被排除出去。在400～600℃时结构水自原料中分解，使坯体变得多孔、松弛，因而水分易于排除，加热速度可以加快。此阶段坯体强度有所下降。升温至573℃时，β石英转化为α石英，体积增加0.82%，此时如升温过快，就有产生裂纹和使结构松弛的危险（但在此阶段坯体如果出现收缩，可以抵消由于晶型转化、体积膨胀产生的应力）。600℃以后固相反应开始进行。在650～800℃，如有易熔物存在，则开始烧结，产生收缩。在600～900℃，如果原料中含有较多的可燃物质，这些物质需要较长的时间完成氧化过程。在930～970℃，碳酸钙 $CaCO_3$ 分解成为氧化钙 CaO 和二氧化碳 CO_2。

焙烧使原料细颗粒通过硅酸盐化合作用，形成不可逆的固体。

冷空气通过冷却带的砖瓦垛，由于热交换的过程制品被冷却到20～40℃，冷却的速率因原料而异，尤其冷却至573℃时，α石英转化为β石英，体积急剧收缩0.82%，使制品中产生很大的内应力。此时应缓慢冷却，否则易使制品开裂。

玻璃相（约为2%或更少）及少量莫来石的产生是砖瓦制品强度提高的主要原因。焙烧温度1000℃时，多孔砖的抗压强度比900℃时约高50%；焙烧温度950℃时多孔砖的抗压强度比900℃时约高25%。与砖比较，瓦通常需要在更高温度下焙烧。

根据制品在烧成过程中的物化反应，只要加热和冷却均匀，制品可以在较短的时间内烧成。但是有些隧道窑由于结构不理想、制品码得过密，窑内传热速度慢，温度分布不均匀，大大延长了烧成时间。这就要求我们注意改进这些不合理的隧道窑，达到快速烧成的目的。

2）应使窑温均匀和加速传热。

在焙烧砖瓦制品时，应尽量使窑温均匀，并加速传热，以缩短烧成时间，提高产品的产量、质量和降低燃料消耗。

但是，有些焙烧砖瓦的隧道窑产量偏低，其主要原因是传热慢，窑内温度分布不均，特别是预热带温度分布不均，上下温差有时可达200～300℃，这样窑上部制品已能够推到烧成带了，可是窑下部的制品还处于低温阶段，没有得到充分预热，物化反应没有进行完全，如推到烧成带就会形成废品，所以不得不延长烧成时间，这就降低了窑的产量，增加了燃料消耗。所以，如何使隧道窑加快传热和减少窑内温差（即使窑内温度分布均匀），特别是减少预热带温差，是隧道窑快速烧成的关键，也是隧道窑改进的方向。

加快窑内传热，由传热公式：$Q=(\partial_{对}+\partial_{辐})\cdot\Delta t\cdot F$ 可以看到，影响传热的因素有

三个：对流和辐射传热系数（$\partial_{对}$ 和 $\partial_{辐}$），窑内火焰与制品的温度差（Δt），以及传热面积（F）。不论增大哪个，都可增加每小时传给制品的热量，加快烧成。具体地说：

（1）隧道窑预热带主要靠烟气对流传热（$Q_{对}$）给制品，要提高 $Q_{对}$，可以提高烟气温度，扩大烟气与制品之间的温度差，但是提高烟气温度有一定的限制，特别是窑内温度分布不均匀的窑，更不能靠提高烟气温度来加速传热，因烟气温度过高，容易导致制品局部温度过高而造成开裂。所以，码垛形式应尽可能扩大烟气和制品的接触面，并提高对流传热系数（$\partial_{对}$）来加快传热，$\partial_{对}$ 几乎与气体流速成正比。因此，要提高 $\partial_{对}$ 就要提高窑内烟气流速，而且流速大了，也促进了窑内温度均匀，就可以加快烧成。

（2）隧道窑烧成带主要靠火焰辐射传热给制品。提高 $Q_{辐}$ 的措施有：

① 应采用固体辐射传热。因固体辐射传热系数大于气体辐射传热系数，所以由气体辐射传热改为固体辐射传热，可以大大强化传热过程，为快速焙烧创造条件。

② 坯体适当稀码，也可以提高气体辐射层厚度，从而提高辐射能力，加速传热。

③ 采用气体燃料焙烧时要合理选用烧嘴。普通烧嘴喷出的气流速度低，靠近喷火口的地方温度高，窑中间温度低，难以快速烧成。要使燃烧速度快，窑内温度又均匀，就应采用高速喷嘴。由于它喷出的气流速度高（达 100m/s 以上），火焰一经喷出立即达到窑的中心，火焰温降甚小，并可带动窑内气流再循环，窑内温度既均匀又大大加快了传热，从各方面对制品进行均匀快速的加热和焙烧，为快速烧成提供了条件。

3）应选用合理的筑炉材料。

烧结砖瓦隧道窑体积庞大，其砌体蓄热、散热很大，故在筑窑材料上应尽量选用导热系数小、热容量小，并具有一定强度的轻质、耐高温、保温性能好的材料。这些材料可使砌体轻、吸热少、散热少，既节约燃料，窑内温度调节又灵活。特别是烧成带砌体，如选用的材料热容量大，容易造成温度滞后现象，若采用热容量小的材料，可以减少这种温度滞后性，温度调节灵活，尤其是对自动调节温度的隧道窑更为重要。

窑车衬砖蓄热、散热量也很大，不适于快速烧成，应尽量采用蓄热少的轻质窑车。

4）应充分利用窑的余热，努力提高窑的热效率，降低燃料消耗。

衡量窑的热经济有两个指标，一是窑的热利用系数，二是可以利用的余热。目前，烧结砖瓦隧道窑的热经济都比较差。虽然隧道窑冷却制品的余热有些厂已经利用，但总的来讲，用得不够充分。窑墙、窑顶和车下的散热还比较多，有的窑出车温度还较高，有的窑烧成带过剩、空气系数偏大，还有的窑漏损较大，以致隧道窑焙烧制品的有效热（即用于坯体内残余水分蒸发、化学反应和将制品加热到最高温度所需的热量除以燃料的化学热）仅 30%～40%，抽出供坯体干燥等的余热利用的热量仅为 15%～20%。其余都损失掉了，废气带走一部分，窑墙、窑顶散失一部分，出窑制品和窑车带走一部分，漏损和窑车底散失了一些。因此，如何进一步利用余热、减少热损，是提高窑的热经济、节约燃料的一个重要途径。

有些砖厂的经验证明，若隧道窑的余热得到充分利用，可将隧道窑的有效热提高

20％以上，可节约不少燃料。

5）要节约材料，便于施工，方便操作，改善劳动条件。

6）窑的结构要牢固，并加强密封，延长窑的使用寿命。

根据上述要求，进行多方面的比较，就可以作出经济合理、技术先进的设计。

三、隧道窑总体设计的内容

主要包括窑的主要尺寸、工作系统、各带（预热、烧成和冷却带）结构，以及窑下检查坑道、窑车下的冷却结构等项。

第二节 隧道窑主要尺寸的确定

根据产品品种、规格和产量，即可确定窑的主要尺寸：内宽、内高和长度。另外，窑的外形尺寸还包括窑墙和窑顶厚度。

隧道窑的主要尺寸确定不仅关系到占地面积、造价（一次投资），还关系到产量、质量、热利用（即燃料消耗）和操作控制等问题，故必须全面权衡确定。

一、窑内断面（内宽与内高）尺寸的确定

窑内断面尺寸主要决定于制品品种、规格（外形尺寸）和码垛的形式。制品码垛的宽度和高度，再加上坯垛与坯垛之间的间隙、两侧坯垛与两边内墙的空隙、坯垛顶部与窑内顶部的空隙，就可以计算出窑内宽和内高。但在确定制品码垛形式和窑的内宽、内高尺寸时，要考虑到窑内温度和气氛分布的均匀性，传热好坏、阻力大小，以及坯垛的稳定性和制品变不变形等因素。如坯体采取合理稀码，窑内温度、气氛分布就较均匀，窑内横断面尺寸比坯体码得密的窑要大一些。另外，还要考虑到燃料种类、燃烧方式，如用固体燃料，则是否采用内燃及内燃程度高低；如用气体燃料，则采用高速嘴比采用有焰烧嘴的窑横断面要大一些。

但从现有烧结砖瓦隧道窑的实际生产情况来看，窑内温差一般都比较大，尤其是预热带温差大，一般在200℃左右，有的高达300℃以上；烧成带的温差为20℃左右，有的比这更高；冷却带一般为50℃左右，比预热带温差小，窑内水平温度差则较小，一般为15℃左右。所以，设计时应注意以下内容。

（一）窑内宽

在不影响水平温差的前提下，应适当增宽，降低窑的内高，有利于减小窑内上下温差。

（二）窑内高

除特殊需要和采取特殊措施来减少窑内上下温差的窑外，一般不宜过高，以免造成上下温差大。一般来说，窑的内高应小于内宽（窑的内高是窑车顶面至窑体内顶高度）。

二、窑长的确定

根据要求的年产量、制品烧成周期、窑的年工作日，以及每辆窑车码坯数量，即可计算出窑的有效长度，再加上 400mm 左右的富余即为窑的全长。在确定窑长的时候既要与断面尺寸结合起来，还要考虑到烧成制度的要求，使烧成温度便于调节、热利用好、阻力小、基建投资少等。

一般来讲，窑长一些，窑内温度、压力、气氛制度变化缓慢，则窑的热工制度比较稳定，容易控制，热利用率高，但基建投资和占地面积都比较大（窑太长，阻力大），故在保证烧成制度和满足产量与质量的前提下，窑不宜过长。但反过来说，窑也不能过短，过短了窑内温度、压力、气氛变化急剧，不好控制，进出车端温度高，排出的废气温度高，热利用差。如果要求的产量小，宁可把窑的横断面设计得小一些，但不要过短。所以，窑的长度应全面权衡后再确定。

一般烧结砖瓦厂的窑车式隧道窑的横断面比较大，结构不太理想，窑内温差偏大，温度分布不均匀，传热速度较慢，从而延长了烧成周期，使窑的长度不能合理地缩短。所以，加强窑的传热和改善窑内温度的均匀性，以及加强冷却措施，与缩短窑的长度有很大的关系。

三、窑的各带长度及其比例的确定

隧道窑预热、烧成和冷却各带的长度必须与制品的焙烧制度相适应。例如，同样长度的隧道窑，由于焙烧制品的规格、型号不同，其烧成制度也不一样，相应地窑的各带长度就应不一样。

此外，有的空心制品的壁和肋比较薄，体积也不大，入窑含水率低；或者码窑密度较稀，窑内横断面温度均匀，每单位时间内能均匀足够地供给制品热量，升降温速度可以快，那么窑的各带都可以短一些。若制品体积虽较大，但入窑含水率低，其水分又易排除，升温也可快一些，预热带就可短一些。相反，即使制品体积不大，但入窑含水率高，窑码得又密，预热带就应长一些。如若预热带温差大，又无减小温差的有效措施，则预热带长一些好，这样做对产品质量有保证。

（一）确定隧道窑各带长度的原则

（1）要按制品的烧成时间来定，使制品有足够的预热、烧成、保温时间，并经冷却出窑，能承受外界空气自然冷却而不会降低质量。

（2）要考虑到窑各带所采取的措施，如：预热带设有减少上下温差的措施，则预热带可短一些；冷却带的冷却措施好，则冷却带也可短一些。

（3）热利用率高，要使预热带排出的废气温度低，冷却带抽出的余热得到充分利用。

（二）我国一般烧结砖瓦隧道窑的各带长度比例

预热带为 32%～40%；烧成带为 15%～22%；冷却带为 38%～45%。

必须说明的是，即使焙烧同一种制品，如果制品入窑水分和各带采取的措施不同，则各带长度也不一样；制品如未经专门的干燥就入窑，冷却又无好的措施，这种情况下，预热带和冷却带要长，可能超过 45%。

第三节　隧道窑工作系统的确定

在窑的主要尺寸确定后，即可按制品的烧成制度确定窑的工作系统，再根据窑的工作系统来确定窑体结构布置和窑的管道系统等设计。

窑的工作系统包括排烟系统，燃烧系统和送风、排风系统。这些系统是窑体各带结构布置和管道系统等设计的依据。确定得好，能给生产操作创造一个比较好的条件，能比较容易地调整到一个符合制品烧成制度要求、产量高、质量好、燃料消耗少的热工制度，并可节省材料和少用风机设备，使施工、操作简便。

一、确定隧道窑工作系统时的注意事项

（1）首先根据制品烧成制度的要求来确定。

即使同样长的窑，由于焙烧的制品品种不同，烧成制度也不一样，窑的各带分布及其工作系统也不一样，所以制品烧成制度的制定是窑的工作系统和窑的结构布置的依据。

（2）要考虑到窑内压力的合理分布。

窑内温度和气氛制度，要有一个合理的压力制度才能得到保证，而窑内的压力制度又决定于窑的工作系统。例如：窑头负压大，吸入外界冷空气就多；预热带负压大，窑的上下温差就大；在烧成带正压大于烧成带和冷却带交界处压力的情况下，如果该处没有相应措施，就会引起烧成带烟气向冷却带倒流，影响制品冷却，牵制火行速度，并增加热耗，甚至影响产品质量。所以，对窑内压力分布的要求：①预热带要保持不大的负压，而且到窑进口端的负压应逐渐接近于大气压，以减少窑头吸入外界冷空气，以利于窑内温度均匀和充分利用预热带的预热制品作用。②烧成带保持微正压，有利于窑内温度均匀，并可减少燃烧后的气体由窑内不严密处漏出。这样可以减少热损失，避免车下温度高等弊病。③冷却带要保持不大的正压，到出口端压力逐渐减小，以减少向外漏风。④烧成带和冷却带交界处正压既不能大，也不能形成负压，以免干扰烧成带或产生逆流，影响冷却。

一般阻力较小的隧道窑，窑内压力为：

预热带最大压为：　　　　　　　$\leqslant -30\rho_a \sim -20\rho_a$

烧成带最大正压为：　　　　　　$\leqslant 15\rho_a \sim 20\rho_a$

冷却带最大正压为：　　　　　　$\leqslant 25\rho_a \sim 35\rho_a$

零压点在预热带末端左右部位。

这种压力分布对窑内气流、温度及气氛的调节都较为有利。要获得这一压力制度，除决定于窑的工作系统外，还与窑内阻力有关。窑内阻力大小又与坯体码垛是否合理和窑的长短、烟气温度等有关。由于窑内气流是与码在窑车上的制品直接接触的，因此，码垛方法不仅影响传热，而且影响窑内的阻力。窑内阻力小，则所需排烟风机的负压小，窑内负压也小，于是冷空气的吸入量也减少了，从而改善了预热带工作状态，使抽力的调节更为有效，并可保证烧成带正常工作。

（3）要尽量采取减小窑内温差和充分利用余热的措施。

在有些窑内，制品烧成时间长的主要原因是隧道窑内温度分布不均，尤其是预热带上下温差大。因此，采取措施减小窑内温差是隧道窑工作系统改进的方向。此外，还要充分利用窑上的余热，进一步提高热效率、节约燃料。

（4）管道布置要合理、简洁，风机设备不宜多，节约材料，操作控制简便和便于施工。

根据这些要求，通过方案比较，才能确定出一个比较好的工作系统。

二、隧道窑工作系统的确定

制品在窑内吸收热量、升温，进行物化反应达到烧成的目的。烧成的产品又放出热量，冷却到一定程度出窑。为使制品按规定的烧成制度进行，相应地就要在预热、烧成和冷却三带分别设置排烟系统、燃烧系统和冷却系统，这是一个最基本的工作系统。除此之外，为加速传热，减少温差和充分利用余热，又常增设一些送、抽风系统和余热利用设施。

三、窑车下风冷系统

窑车下风冷系统，主要用于冷却窑车轴承和窑车下部的金属结构（包括砂封槽和轨道）并能平衡压力，减少漏风，努力使窑的各横断面的窑车上方和窑车下方趋于一致，以减少漏风，保证窑内下部的制品也达到需要的温度。

要达到上述目的，比较好的做法是分散送风、分散排出。这样做冷却效果好，又易控制窑车下方的压力。

可将车下检查坑道分隔成几段，设置几个可调节的挡板或门，使车下压力分布接近于车上压力分布。

对于压力不太大的窑，车下送、抽风系统，可以做成集中送入、集中抽出，主要着重对窑下方进行冷却，使窑车能灵活运行。

第四节　隧道窑各带结构的确定

隧道窑工作系统确定后，即可根据工作系统进一步确定窑的三带各部分的具体结构。这时仍要考虑到窑内温度、压力和气氛的合理分布，操作调节的简便，窑结构的牢固，便于施工、节约材料等因素。

一、预热带结构的确定

预热带主要用来预热制品。对于温度比较均匀的小断面隧道窑来讲，预热带的结构比较简单，只需要一个排烟系统；但对于一些断面比较大又比较长的隧道窑，由于预热带上下容易产生较大的温差，严重影响制品的均匀预热和烧成时间的缩短，以及产量、质量的提高，所以在预热带结构设计时，需采取一些减少其温差的措施。

1. 隧道窑预热带结构——烟系统

隧道室的烟气由排烟孔（哈风孔）经支烟道再进总烟道，由排烟风机经烟囱排出。

1）排烟孔

排烟孔有集中布置和分散布置两种。由于集中布置排出的烟气使窑头温度增高，对入窑含水率高的制品容易引起开裂，且沿预热带长度方向的温度曲线不好调节。实践证明，分散排烟优于集中排烟（分散排烟孔在长度方向占预热带的40%～50%）。

分散排烟，可根据制品预热曲线的要求，通过各个排烟孔的闸阀，调节排出烟气量来控制预热带各阶段的烟气分配量，从而调节预热带各阶段的温度和压力，使之符合制品升温速度的要求；同时，由于多次分散排烟，气体多次由上向下流动，可以部分减少气体分层现象，对均匀上下温度起到一定的作用。所以，烧结砖瓦隧道窑排烟孔一般多为分散布置。

排烟孔布置位置：一般设在靠近车面处。对窑头设有封闭气幕的窑来讲，排烟孔开始设置的位置可以稍后一些，可以由3号或4号车位开始，一直布置到500～650℃。进口端几个车位预热可由窑头封闭气幕送入的热空气进行。对窑头没有设封闭气幕的窑来讲，排烟孔的开始设置可以适当靠近窑头一些。

排烟孔间距：半个或一个车位一对，原则上预热升温控制要求严的，可以间距小一些。当预热带设有气幕时，窑内温度可借气幕进行一定的调节，则排烟孔间距可以稀一些。

排烟孔的结构尺寸：烧结砖瓦隧道窑主要采用的有方形孔和拱形孔两种。

每一个排潮孔的下面有一个垂直支烟道。

方形孔由插板闸控制烟气流量，孔宽和孔高均约为500mm，孔上用黏土质盖板砖盖上。盖板砖的质量很重要，防止其在高温部位出现开裂。

拱形孔由锥形闸控制烟气流量，这种孔结构牢固，孔宽和孔高均约为500mm，但是需要异形砖砌拱。

对烧煤隧道窑，由于需要考虑到积灰的关系，排烟孔的尺寸可适当大一些。

排烟孔总面积，一般都比支烟道、总烟道横断面面积大。经验证明，排烟孔总面积应为总烟道横断面面积的2～3倍，其原因不完全是为了排烟，还要用来调节沿窑长度方向的温度制度。所以，一般排烟孔设得比较多，为的是留有充分的调节余地。

2）水平支烟道

水平支烟道一般设在预热带两侧墙内。布置位置有设在两侧墙的下部、中部和顶部三种。

烧煤隧道窑的水平支烟道一般设在两侧墙的下部或顶部，以便清除积灰。

地下水位低的，水平支烟道设在两侧墙的下部较方便。地下水位高的，水平支烟道设在窑两侧的顶部较好。

水平支烟道的长度应根据排烟孔分布的长度确定。

3）总烟道

总烟道的位置会影响水平支烟道内的抽力分布，越靠近总烟道的水平支烟道，其抽力越大。若总烟道靠窑头，则窑头部位的水平支烟道抽力就大，反之，则抽力就小。如排烟孔闸阀不严，也在一定程度上影响到窑内压力。如窑前段负压大，漏气多，则会影响到窑内压力调节的灵敏度和入窑制品的预热。

总烟道有设在窑的前端、窑顶和窑底三种。

总烟道设在窑前端：这样做窑两侧水平支烟道抽力较一致，便于窑两侧温度的调节；但窑头负压大，增加了窑头漏风；另外，烟道要穿过拖车道和窑房的基础等，烟道较深，不适于地下水位高的地区，建设费用较高。

总烟道设在窑顶：这样做阻力小，适用于地下水位较高的地区。但预热带顶部较高。一般排烟风机设在窑顶上，要建风机平台，操作不便，造价高。

总烟道设在窑底：水平支烟道直接进总烟道，总烟道由窑的一侧出来进排烟风机。主要缺点是窑两侧抽力不一致，靠近排烟风机的一边抽力大，远离排烟风机的一边抽力小，给调节带来一定的麻烦。但布置紧凑，烟道结构简单，水平烟道直接连接总烟道即可。因此，有不少烧结砖瓦窑采用这种布置形式。

2. 减少预热带温差的措施

隧道窑预热带普遍存在的一个问题是上下温差大。因此，不能均匀、快速地预热制品，延长了预热时间，降低了产量，增加了燃料消耗，有的甚至影响到制品的质量。产生上下温差大的主要原因是气体分层，因热气体受几何压头的影响容易上升，大部分（约80%）的热烟气由窑上部流过；同时，下部负压比上部大，下部又没有上部严密，容易吸进冷空气，更加大了气体分层；再加上窑车衬砖的吸热，使下部温度降低，更加剧了预热带上下温差。因此，如何减少气体分层，降低预热带上下温差，是预热带结构设计的关键。为了进一步提高预热带温度的均匀性，除了在码坯方法、窑的密封（包括窑头密封）、窑车衬砖的绝热、窑车上下压力平衡、窑内负压降低等方面采取应有的措施外，还必须在预热带采取一些减少温差的措施。常用的做法有以下几种。

1）窑头封闭气幕

有些窑虽然离窑头较近的位置设置了排烟孔，但往往由于窑头是负压（特别是窑头的下部负压大）、窑门不严密、漏风多，头几对排烟孔开得很小甚至不用，头几个车位几乎没有预热，这样预热带整个长度实际上没有得到充分利用，相反因漏风（吸入外界冷空气）而影响了窑内压力的调节。如在窑的进口端设置封闭气幕，送入一定量和一定速度的热空气，以增加窑头压力，在该处形成微正压（1～2Pa），以防止和减少窑头由于负压而导致的外界冷空气被吸入窑内，造成横断面温差大，同时借送入的热空气还可预热窑头几个车位的制品。

封闭气幕设置的位置：一般设在窑进口端1号和2号车位之间的两侧墙和窑顶。

封闭气幕的结构形式：有两种，一种是在1号和2号车位之间的两侧墙和窑顶设置分散垂直的小孔，热气体即从这些小孔沿着窑的横断面垂直吹入；另一种是在进车端窑顶和两侧墙的中下部向出口方向（注意：向出口方向不是进口方向）各设一个45°角的狭缝送入热气体。送入气体以45°角对着出口方向，可使气体不易外溢。气体从窑顶和两侧的中下部进入窑内，既可阻止窑内气体从窑头上部外溢，又可提高窑头中下部的压力，防止吸入外界冷空气，同时也可提高窑头下部的温度，减小窑头上下温差。

为使封闭气幕得到较好的效果，应做到：①窑顶和两侧墙都设进气孔；②两侧开设进气孔时，中下部应开得多一些，上部开得少一些，甚至不开，因为中下部负压大，吸入外界冷空气多，尤其是下部最多；③送入的气体要有一定的速度，因此进气孔不宜大。有的窑设了进气孔作用却不大，除了由于送风位置不当外，主要是因为送入气体的速度太低。

送入的气体，可采用车下的热空气，也可采用抽自冷却带的余热空气。如采用废烟气，则易腐蚀金属管道等。

2）搅拌气幕

搅拌气幕是用风机将热气体从窑顶以一定角度送入较高速度、较小流量的热气体，搅拌或阻挡窑内烟气，迫使它向下流动，以克服预热带气体分层，达到减小预热带上下温差的目的。

搅拌气幕的结构形式共有三种：

第一种为90°搅拌气幕：送入气体与窑内烟气流动方向所成的角度为90°，气体沿拱顶分散的许多孔送入。结构简单，不需另设异形砖。但送入的气体直接撞击制品，搅拌的作用范围不如第二种和第三种大。

第二种为120°搅拌气幕：气体由拱顶以斜窄缝送入，结构也简单，但需做异形拱砖。对窑内烟气搅拌的作用范围比第一种搅拌气幕大。

第三种为180°搅拌气幕：气体由拱顶专设一金属的或耐火材料的喷口送入。喷口伸入窑内，易损坏，但对改变窑顶部气流方向作用大，而且喷入的气体不直接撞击制品。

从上述三种结构形式来看：

（1）皆由窑顶部送入热气体，送入的热气体皆和窑内的烟气流成一逆向角度。这样可以改变窑内气体的流向，形成波浪形的流动，降低窑内上部温度，提高窑内下部温度。同时，还增加了预热带气体流量，即增加了气体流速，从而对减少窑内上下温差有利。三种角度形式的气幕都能起到一定的搅拌作用，但究竟多大角度最好，尚缺少足够的对比资料。根据国外一些资料介绍，有的窑采用许多小管，由窑顶送入热气体和窑内气流成逆向166°角，其效果较好。

（2）某厂曾采用第一种结构形式（90°搅拌气幕）作试验，当使用时，该处窑内温差为100℃，不用时，则温差增至250℃，其对均匀化窑内温度起到一定的作用。但当气幕全开时，往往引起该处上部温度急剧下降，关闭时，上部温度又显著上升，对下部温度影响小。其原因是送入的气体温度低、流速小（孔洞大的关系），以致对上部温度影响大。为使其起到较好的搅拌作用，一方面，应使气体以较高的流速送入，迫使窑内的烟气流自上向下流动，克服气体分层现象。因而应减小入气孔，提高风速，减少流量。就其作用来讲，送入气体应以小流量、高风速为佳。实践证明，凡是送入窑内的气体速度不高，其效果都不显著。另一方面，送入的气体温度应与窑内温度相适应，可以略低，但不能低得太多，以免顶部温度降得太大，影响制品质量。凡是由冷却带或车下抽热风送入，温度都偏低，效果不太好。这是值得研究和改进的。

如利用预热带烟气作搅拌气幕，应注意防止腐蚀金属管道。此外，由于风机耐温的限制，也影响了气体温度的提高。现在看来，烧结砖瓦隧道窑比较好的做法，是利用需设气幕部位的烟气再循环或产生横向旋转来均匀化该处上下的温度，如耐热风扇或高压喷射搅拌效果都较好。若利用冷却带抽出的热空气，应使其经高温部位进一步加热后送入预热带搅拌气幕。总之，在保证一定流速的情况下，要设法提高送入气体的温度，使之起到应有的作用。

搅拌气幕的位置原则上设在窑内温差比较大的地方。凡需要调节和控制温度的部位，一般在设有窑头封闭气幕的窑上，自250～350℃开始，按预热带的长短设置2～3道气幕。如果没有设窑头封闭气幕的，从200℃左右开始设置3～4道搅拌气幕即可。

（3）高速烧嘴

燃气隧道窑可在预热带设置高速烧嘴，以减少预热带温差。燃料和空气进去后在烧嘴内部的燃烧室预先混合燃烧，在燃烧气体的膨胀和压力作用下产生很大的喷出速度，可达100m/s以上，这是这种嘴的特点之一，特点之二是燃烧气体中可掺入二次空气混合进入窑内，因此，可通过调节掺入的二次空气量来调节喷到窑内的烟气温度。在180～200℃能任意调节，以便预热带温度的灵活掌控。

由于高速烧嘴喷出速度高，故能产生以下效果：①喷出的气体温度降很小，而且它的温度和窑内烟气温度差不多，故制品不会受到局部过热影响，温度比较均匀；②可以带动窑内气体横向旋转，对均匀化窑内上下温度比用搅拌气幕等措施更有效。

高速烧嘴设置位置：每辆窑车上的坯垛留有1～2个30～250mm的空隙，烧嘴安装在正对空隙的下部能获得较好的效果。

沿预热带长度方向，可根据温度调节的需要，将高速烧嘴安装在200℃、600℃左右等位置，并在预热带两侧交错布置。

二、烧成带结构的确定

当前，烧结砖瓦厂隧道窑使用的燃料，主要有固体燃料煤、气体燃料天然气，少数窑使用液体燃料重油。

（一）燃煤隧道窑烧成带结构

燃煤隧道窑的烧成带顶部设若干个投煤孔（火眼），操作人员向投煤孔中加入煤，加煤的方式是：引前火，烧两边火，中部酌情加煤，焙烧带底火排数应保持在 10～20 排火眼。

（二）燃气隧道窑烧成带结构

1. 烧嘴的布置

隧道窑的烧嘴（或喷嘴）的布置有集中和分散、相对和错开、一排和两排等类型。

1）集中还是分散布置

烧结砖瓦隧道窑的烧嘴一般都集中布置在烧成带，占预热带、烧成带全长的 25%～40%。

集中布置的优点：由于集中供给燃料，故便于操作和进行温度的自动调节，热效率也较高。

曾有将烧嘴布置得很长的，占预热、烧成带的 70% 左右。其结果是，预热带温差没有明显缩小，预热带温度明显增高，特别是窑头温度高。后来将烧嘴分布长度改为仅占预热、烧成带全长的 29.4%，情况有所好转，且还便于操作。

所以，烧嘴应尽量采取集中布置。分散布置既给操作控制带来困难，且窑内热工制度也不易稳定，各自动调节之间也难以协调。至于预热带和保温带的温差，应采取其他措施来解决。

2）相对还是错开布置

只要烧嘴选择恰当，烧嘴间距安排合理，采用相对布置，就能达到沿窑长方向的温度均匀。尤其是断面比较大的窑，较多地采用此种布置形式。有些窑，为了沿窑长方向温度均匀，采用错开布置。也有一些窑，由于宽度小，或采用的烧嘴喷出的火焰长而速度快，当烧嘴相对布置时，容易产生相互之间的影响，故采用错开布置。但要注意相错的间距，否则将不能达到预期的效果。采用高速烧嘴时，窑两侧烧嘴应错开布置，交错间距为半个到一个车位，这要根据窑车的长度和加热制品的种类而定。

3）烧嘴布置一排还是两排

烧嘴布置为两排，主要是为了便于调节窑上下温度。例如：某隧道窑长 120m，烧成带最后六对烧嘴之间的上部又设置了五对能力比较小的烧嘴。这是因为该窑比较高，窑车顶面到窑内顶高达 2.21m。码垛密度较小，空隙较大的窑，不需要用两排烧嘴，单用下排烧嘴即可。

2. 烧嘴布置位置和间距

烧嘴布置位置，应视制品的烧成工艺要求及温度曲线而定，对焙烧砖瓦的隧道窑，烧嘴一般由 750～800℃ 开始，一直布置到烧成最高保温处，在最高保温后的一个车位也可设置一对烧嘴，以确保最高保温温度。

大多数窑实际使用的烧嘴比原设计的少。使用的第一对烧嘴一般在 800℃ 左右，最后一对烧嘴布置到最高温度处或最高保温后一个车位，以防冷却带过来的空气影响最高烧成温度。如需考虑到烧成带烧嘴有更多的调节余地，也可向两端多增加一个车位的烧嘴。

烧嘴的立面位置，一般设在正对装载制品的下部。

烧嘴间距，要按选用烧嘴能力和沿窑长温度均匀性来确定。可以采用先稀后密布置，一般低温部分间距为 1500～2500mm，高温部分为 1500～2000mm。具体布置时，可根据烧成曲线和参照已有的窑选用的烧嘴来确定。

如采用高速烧嘴，两边烧嘴错开装在正对装载制品垛间留有的 250～300mm 的空隙下部。

以上是侧烧式隧道窑烧嘴布置情况，如果采用顶烧式隧道窑，其烧嘴布置视窑断面大小（内宽和内高）而定，可在纵向每个车位设两排，横向每排设 2～4 个烧嘴。坯垛对准烧嘴的部位都要留有燃烧空间。

三、冷却带结构的确定

烧好的产品进入冷却带后，最简单的方法是自然冷却，但是窑的冷却带就比较长，气流阻力大，冷却效果较差。故新建的窑一般采取强制冷却，燃煤窑强制冷却后的热空气一般都抽送去干燥坯体，供烧成带助燃。强制冷却的一般做法是，在窑尾设置送风机，将冷空气送入窑内，通过热交换，在冷却了制品的同时也加热了空气。

应该提醒的是，送入窑内的空气量要足够，在其经加热后，抽出一部分满足坯体干燥外，剩余的部分也能满足烧成带的助燃，否则将牵制火行速度。

燃气窑一般采取直接吹风冷却的方式。冷空气集中由窑尾送入。为了使送入的冷空气不致进入烧成带影响烧成温度，所以冷却制品的热空气应抽到窑外，作助燃干燥坯体或气幕用，也有的窑全部抽出送去干燥坯体，这要根据需要来定。

虽然冷却制品后的热空气，在现有的窑上绝大部分已抽到窑外使用，但仍有少量的热空气窜入烧成带，烧成温度受到干扰，不容易稳定，需要经常进行调节。这是新建窑需要注意改进的。

四、窑车下检查坑道

窑车下检查坑道，主要用于检查窑车下部情况和处理事故，同时便于热工测定。检查坑道一般宽度约 700mm，高度 1.8m 以下，长度可由冷却带前部直通至预热带中部，或者烧成带稍向两端延伸一些，或者在车下温度比较高的部位和容易发生事故的部位设置。

五、窑车下的冷却结构

窑车下冷却有强制冷却和自然冷却两种。

（一）车下强制冷却

车下强制冷却，一般用于温度较高的窑，用来冷却窑车金属部分（尤其是冷却窑车轴承，使之正常运转）和金属砂封槽、轨道；同时用以调节车下压力，使车下压力尽可能和窑内压力平衡，以减少漏气。

烧结砖瓦隧道窑一般采用集中送风和抽风的冷却方法。即由窑后部离出口端4～6个车位的地方，将冷空气集中送入检查坑道，经烧成带、预热带尾部车下到近总烟道的地方，经车底闸抽出。

焙烧砖瓦的隧道窑体积庞大，其中容纳的窑车数量多，且窑车经常移动，极易出现窑车上下气体互相泄漏、窜流，导致既定的热工制度难以贯彻执行，因而致使焙烧的产品产量下降，质量下降，成本增加。

应努力使隧道窑的窑车上下隔绝，互不渗透，创造条件，让隧道窑这个热工设备发挥出其应有的作用。

在窑内（即窑车上方）中的烧成带后段，因气体遇高温环境体积急剧膨胀和窑尾强制送风的作用，处于一定的正压状态，而窑车下方和外界大气相通，处于零压状态，此处如未彻底隔绝，窑车上方的热气、火焰会由不严密处下窜，就会将窑车轴承油烤焦，金属构件烧变形，甚至殃及轨道，窑车变得不灵活，阻力大，如果硬顶动窑车，有可能造成窑车脱轨、撞窑内墙、制品垮塌等恶性事故。

因此，必须杜绝窑车上下窜气。其办法有两个：

其一是采取"静态密封"，就是加强砂封、曲封、车封。砂封槽一旦损坏要及时修补，砂封板一旦变形要及时修理。加入砂封槽中的粗颗粒砂子的理想直径是5～7mm，这是为了防止在排烟孔附近的砂子被吸入烟道。但所加的砂子中也应有足够的细颗粒。粗颗粒部分应约占30%，细颗粒部分应约占70%，其中细颗粒部分应尽可能为无尘砂子。砂封槽不能缺砂，操作中及时加砂也非常重要（每10～15d应加一次砂）。如果砂封槽中砂子的填充程度不够，极易出现窜气现象。砂面高度不宜低于50～60mm。"静态密封"是不需要动力的密封。

其二是采取"动态密封"，就是借助风机的作用，用压力平衡风机在窑车下方创造一个和窑车上方相同的气压，让车上和车下形成"压头对扰"。即使有漏洞，也不会漏气，车上的热气、火焰不会下窜，也就不会"烧窑车"。

如某烧砖隧道窑，在离窑尾19m左右火焰下窜，导致"烧窑车"现象严重。后来在该处车下用了一台6号轴流风机（1.1kW）鼓风，就将火焰顶了回去，再不烧窑车了。

同样的原理，在预热带，由于排烟风机的抽力，窑车上方负压大，往往将窑车下方的冷空气由密封不严密处抽到窑车上方，导致气体分层。可在合适的车下位置用风机进行抽风，使车上和车下压力平衡，车下的冷空气就不会被抽到车上。

（二）车下自然冷却

窑内温度比较低的窑，车下温度不太高，窑内压力也不大，可以不设强制吹风冷却。可在烧成带两侧墙下部开设若干个通风孔，对车轮轴承进行自然冷却。

第二章　燃料及其燃烧计算

用以产生热量或动力的可燃性物质称为燃料。用于焙烧砖瓦的燃料十分广泛，几乎各种固体、液体和气体燃料均可焙烧砖瓦。

在选择燃料时，要按照国家的方针政策和资源情况因地制宜、就地取材。但如何使窑上燃烧装置的选择能适合于所采用燃料的燃烧要求，那就要根据所用燃料的性质来确定。所以，了解各种燃料的不同特性就很重要。

燃料一经确定，就可进行燃烧计算。计算结果，可供选择或计算助燃风机、排烟风机、烟道、烟囱、燃烧设备及空气管道等，也有助于隧道窑工作系统的确定。

燃料燃烧计算包括燃烧所需空气量、燃烧产物量和燃烧温度的计算。其中，燃料燃烧所需空气量的计算和燃烧产物量的计算方法有近似计算法和分析计算法。近似计算法是利用近似公式来快速计算，其结果误差很小，能满足设计要求。分析计算法是利用燃料的元素来计算的方法，其计算数据准确，但往往需要较多的资料和一定的时间，不如近似计算法来得简便。故这里仅介绍用公式计算的方法。

第一节　燃料及其特性

一、燃料成分的表示方法和换算

（一）固体、液体燃料成分的表示方法及换算

有机成分：$C^{机} + H^{机} + O^{机} + N^{机} = 100\%$

可燃成分：$C^{燃} + H^{燃} + O^{燃} + N^{燃} + S^{燃} = 100\%$

干燥成分：$C^{干} + H^{干} + O^{干} + N^{干} + S^{干} + A^{干} = 100\%$

供用成分：$C^{用} + H^{用} + O^{用} + N^{用} + S^{用} + A^{用} + W^{用} = 100\%$

上述燃料的组成都是以质量百分数表示的。

燃料燃烧计算前，应将已知燃料成分按表 2-1 换算成供用燃料成分，即乘以相应的换算系数即可。

（二）煤完全燃烧和不完全燃烧的发热量区别

已知 1mol（摩尔）的碳 C 是 12g，这 1mol 的 C 不完全燃烧全部生成一氧化碳 CO

也是 1mol，为 28g。

固体、液体燃料的换算系数 　　　　表 2-1

已知的燃料成分	换算的燃料成分			
	有机质	可燃质	干燥质	供用质
有机质	1	$\dfrac{100-S^{燃}}{100}$	$\dfrac{100-(S^{干}+A^{干})}{100}$	$\dfrac{100-(S^{用}+A^{用}+W^{用})}{100}$
可燃质	$\dfrac{100}{100-S^{燃}}$	1	$\dfrac{100-A^{干}}{100}$	$\dfrac{100-(A^{用}+W^{用})}{100}$
干燥质	$\dfrac{100}{100-(S^{干}+A^{干})}$	$\dfrac{100}{100-A^{干}}$	1	$\dfrac{100-W^{用}}{100}$
供用质	$\dfrac{100}{100-(S^{用}+A^{用}+W^{用})}$	$\dfrac{100}{100-(A^{用}+W^{用})}$	$\dfrac{100}{100-W^{用}}$	1

故 1kg 的碳 C 不完全燃烧全部生成一氧化碳 CO 为：

$$\frac{1kg \times 28g}{12g} = 2.3333kg$$

又已知：$CO+0.5O_2 = CO_2 + 2417kcal/kg$ 的 CO

故 1kg 的碳 C 不完全燃烧全部生成一氧化碳 CO 少发出热量为：

$$2417kcal/kg \text{ 的 } CO \times 2.3333kg \text{ 的 } CO = 5640kcal$$

又已知：$C+0.5O_2 = CO + 2498kcal/kg$ 的 C

故得出：1kg 的 C 完全燃烧全部生成 CO_2 发出的热量为：

$$5640kcal + 2498kcal = 8138kcal$$

即可写成下式：

$$C+O_2 = CO_2 + 8138kcal/kg \text{ 的 } C$$

又已知：1mol 的 CO_2 为 44g，故：$22.4Nm^3$ 的 CO_2 为 44g。

得出：1kg 的 C 完全燃烧全部生成 CO_2 的质量为：

$$\frac{1kg \times 44g}{12g} = 3.6667kg$$

其体积为：$\dfrac{22.4Nm^3}{44kg} \times 3.6667kg = 1.8667Nm^3$

又得出：碳 C 不完全燃烧全部生成一氧化碳 CO 只发出其热量的：

$$\frac{2498kcal/kg \text{ 的 } C}{8138kcal/kg \text{ 的 } C} \times 100\% = 30.7\%$$

（三）碳燃烧需要的理论空气量和烟气生成量计算

计算 1kg 的 C 完全燃烧需要的理论空气量：

已知：1mol 的 O_2 为 32g，故需 O_2 量为：$\dfrac{1kg \times 32g}{12g} = 2.6667kg$

其体积为：$\dfrac{22.4Nm^3}{32g} \times 2.6667kg = 1.8667Nm^3$

氧气 O_2 占空气体积的 21%，故需理论空气体积为：$\dfrac{1.8667Nm^3}{0.21}=8.889Nm^3$

理论烟气生成量为：$8.889Nm^3+1.8667Nm^3=10.7557Nm^3$

如过量空气系数取 7，则需空气体积为：$8.889Nm^3\times7=62.223Nm^3$

如入窑空气温度为 35℃，则需空气体积为：

$$\frac{62.223Nm^3\times(273+35)}{273}=\frac{62.223Nm^3\times308}{273}=70.2Nm^3$$

如排烟温度为 130℃，则实际排出烟气量为：

$$\frac{10.7557Nm^3\times(273+130)}{273}=\frac{10.7557Nm^3\times403}{273}=15.8775Nm^3$$

（四）标煤中含碳 C 量

已知标煤的发热量为 7000kcal，如某标煤中发热量的全部是碳 C，

则该标煤中含碳 C 量为：$\dfrac{7000kcal/kg}{8138kcal/kg}\times100\%=86\%$

（五）气体燃料成分的表示法及换算

气体燃料的成分是以各组分的体积百分数表示，分为干成分和湿成分两种。

干成分：$CO_2^{干}+CO^{干}+H_2^{干}+CH_4^{干}+C_2H_4^{干}+N_2^{干}+\cdots=100\%$

湿成分：$CO_2^{湿}+CO^{湿}+H_2^{湿}+CH_4^{湿}+C_2H_4^{湿}+N_2^{湿}+\cdots+H_2O^{湿}=100\%$

气体燃料常用干成分表示，但实际上使用的气体燃料是湿成分，因此，燃料燃烧计算前应将燃料的干成分换算成湿成分（供用成分），其换算系数 K 如下：

$$K=\frac{100-V_{H_2O^{湿}}}{100}$$

$$H_2O^{湿}=\frac{100g_{H_2O}^{干}}{803.6+g_{H_2O}^{干}}$$

式中 $V_{H_2O^{湿}}$（即 $W^{用}$）——湿煤气中的水蒸气体积百分含量；

$g_{H_2O}^{干}$——水分的质量含量（g/Nm³ 干气）；煤气温度一旦确定，即可由表 2-2 查得。

或：$$K=\frac{0.8036}{0.8036+Z}$$

式中 Z——水分的质量含量（kg/Nm³ 干气）；煤气温度一旦确定，即可由表 2-2 查得；

0.8036——水蒸气质量（kg/Nm³）。

燃料干成分乘以换算系数 K 即得湿成分。如煤气中夹带机械水时，则应在 $g_{H_2O}^{干}$ 中加入该部分水后进行计算。

（六）甲烷完全燃烧需要的理论空气量和烟气生成量计算

以 1Nm³（0.7143kg）甲烷 CH_4 完全燃烧为计算基准：

1mol 的 CH_4 分子质量为 16g，22.4L，其体积密度为：$\rho_{CH_4} = \dfrac{16}{22.4} = 0.7143 kg/Nm^3$

完全燃烧：$CH_4 + 2O_2 = CO_2 + 2H_2O$

1mol 的 CO_2 分子质量为 44g，其体积密度为：$\rho_{CO_2} = \dfrac{44}{22.4} = 1.9643 kg/Nm^3$

1mol 的 H_2O 分子质量为 18g，其体积密度为：$\rho_{H_2O} = \dfrac{18}{22.4} = 0.8036 kg/Nm^3$

即 $1Nm^3$（0.7143kg）的甲烷完全燃烧生成：

$1Nm^3 CO_2$（1.9643kg）和 $2Nm^3 H_2O$ 气（0.8036kg×2＝1.6072kg）。

$1Nm^3$ 的甲烷 CH_4 完全燃烧消耗氧气 O_2 量计算：

1mol 的氧分子质量为 32g，其体积密度为：$\rho_{O_2} = \dfrac{32}{22.4} = 1.4286 kg/Nm^3$

消耗氧气 O_2 量为 $2Nm^3$（1.4286kg×2＝2.8572kg）。

1mol 的氮气 N_2 分子质量为 28g，其体积密度为：$\rho_{N_2} = \dfrac{28}{22.4} = 1.25 kg/Nm^3$

空气中氧气 O_2 体积占 21%，氮气 N_2 体积占 79%。

$1Nm^3$ 的甲烷 CH_4 完全燃烧带入的氮气 N_2 量：

$$\frac{2Nm^3}{21\%} \times 79\% = 7.5238 Nm^3$$

理论空气需要量为：$2Nm^3 + 7.5238Nm^3 = 9.5238Nm^3$

理论烟气生成体积为：

$1Nm^3$ 的 $CO_2 + 2Nm^3$ 的 H_2O 气＋$7.5238Nm^3$ 的 $N_2 = 10.5238Nm^3$

理论烟气生成质量为：

1.9643kg 的 $CO_2 + 1.6072kg$ 的 H_2O 气＋9.4048kg 的 $N_2 = 12.9763kg$

$1Nm^3$（0.7143kg）的甲烷 CH_4 完全燃烧生成理论烟气成分如表 2-2 所示。

$1Nm^3$（0.7143kg）的甲烷 CH_4 完全燃烧生成理论烟气成分 　　　表 2-2

烟气成分	烟气体积		烟气质量	
	Nm^3	%	kg	%
CO_2	1	9.5023	1.9643	15.1376
H_2O	2	19.0045	1.6072	12.3857
N_2	7.5238	71.4932	9.4048	72.4767
共计	10.5238	100.0000	12.9763	100.0000

二、燃料的着火温度

燃料的着火温度是在一定条件下燃料稳定燃烧的最低温度。着火温度并不是一个常数，它不仅与可燃气体混合物的组成有关，还与散热条件有关。各种燃料的着火温度如表 2-3 所示。

各种燃料的着火温度　表 2-3

燃料种类	着火温度（℃）	燃料种类	着火温度（℃）	燃料种类	着火温度（℃）
天然气	530	原油	380～530	木材	250～300
高炉煤气	530	汽油	415～430	泥煤	225～250
焦炉煤气	640～650	轻柴油	350～380	褐煤	200～350
发生煤气	640～650	重油	300～350	高挥发分烟煤	200～400
甲烷	600～800	—	—	低挥发分烟煤	300～500
乙烷	530～570	—	—	无烟煤	600～700
氢	540～590	—	—	焦炭	600～700
一氧化碳	630～650	—	—	—	—
硫化氢	300～400	—	—	—	—

三、我国部分地区天然气的成分和热值

我国部分地区天然气的成分和热值如表 2-4 所示。

我国部分地区天然气的成分和热值　表 2-4

产地	天然气成分（%）									低位热值	
	CH_4	C_2H_6	C_3H_8	C_4H_{10}	CO_2+H_2S	CO	H_2	N_2	不饱和烃	kJ/Nm^3	$kcal/Nm^3$
四川自贡	96.67	0.63	0.26	—	1.64	0.13	0.07	1.3	—	35421	8474
四川威远	97.78	0.64	0.15	—	1.64	0.03	0.09	—	0.02	35731	8548
四川隆昌	95.84	1.5	0.41	—	1.7	0.02	0.1	0.92	0.07	35856	8578
四川邓关	97.08	1.06	0.26	—	0.35	0.03	0.14	0.58	0.1	35743	8551
辽宁热河台	99.56	0.1	0.1	0.21	—	—	—	0.02	—	35981	8608
辽宁黄金带	95.13	1.46	2.19	1.09	—	—	—	0.12	—	38301	9163

四、可燃气体燃烧反应

可燃气体燃烧反应式、热值、理论空气需要量及理论烟气生成量如表 2-5 所示。

可燃气体燃烧反应式、热值、理论空气需要量及理论烟气生成量　表 2-5

气体名称	燃烧反应式	热值		理论空气需要量（Nm^3/Nm^3）	理论烟气生成量（Nm^3/Nm^3）
		$kcal/Nm^3$	kJ/Nm^3		
氢	$H_2+0.5O_2=H_2O$	2576	10785	2.381	2.881
一氧化碳	$CO+0.5O_2=CO_2$	3021	12648	2.381	2.881
甲烷	$CH_4+2O_2=CO_2+2H_2O$	8589	35960	9.524	10.524
乙烷	$C_2H_6+3.5O_2=2CO_2+3H_2O$	15208	63673	16.667	18.167
丙烷	$C_3H_8+5O_2=3CO_2+4H_2O$	21612	90485	23.81	25.810
丁烷	$C_4H_{10}+6.5O_2=4CO_2+5H_2O$	28154	117875	30.593	33.453
戊烷	$C_5H_{12}+8O_2=5CO_2+6H_2O$	34913	146174	38.096	41.096
乙烯	$C_2H_4+3O_2=2CO_2+2H_2O$	14286	59813	14.286	15.286

续表

气体名称	燃烧反应式	热值		理论空气需要量（Nm³/Nm³）	理论烟气生成量（Nm³/Nm³）
		kcal/Nm³	kJ/Nm³		
丙烯	$C_3H_6+4.5O_2=3CO_2+3H_2O$	20765	86939	21.429	22.929
丁烯	$C_4H_8+6O_2=4CO_2+4H_2O$	27081	113383	28.572	30.572
硫化氢	$H_2S+1.5O_2=SO_2+H_2O$	5534	23170	7.143	7.643

五、火焰传播速度

火焰传播过程是一个化学反应过程，同时也是传热、传质过程。所以，凡能加速化学反应过程和燃烧区向预热区传热、传质，都有助于提高火焰传播速度。影响火焰传播速度的因素主要有：

（1）可燃气体的热值。可燃气体的热值高，获得燃烧产物的温度就高，从而加强了传热，同时也提高了火焰传播速度；另外，可燃气体的导热系数大，火焰传播速度也快。

（2）增加可燃气体和空气的预热温度，可提高火焰传播速度。

（3）在可燃气体与空气的混合物中，可燃气体浓度变化，火焰传播速度也随之变化。对于各种不同的可燃气体，火焰传播速度都有一个极大值。

实验证明，在可燃气体混合物中，只有在一定浓度范围内火焰才能传播，如果超过这个范围，燃烧只限于在点火源附近而不能传播，亦即存在着火焰传播的上限和下限。如果可燃物浓度超过上限，就说明混合物中可燃气体的浓度太高，氧气浓度不足，可燃物不能充分燃烧，放热少，火焰不能传播；相反，如果混合物中可燃气体的浓度太低，燃烧放出的热量少，不足以将邻近一层加热至着火温度，火焰也不能传播。因此，火焰传播的浓度范围也称着火浓度范围。各种可燃气体着火浓度范围如表 2-6 所示。

气体燃料的着火浓度范围　　　　表 2-6

燃料名称	着火浓度范围（%）		燃料名称	着火浓度范围（%）	
	下限	上限		下限	上限
甲烷	5	15	丙烯	2	11.1
乙烷	3.22	12.45	丁烯	1.7	9
丙烷	2.37	9.5	汽油气	1	6
丁烷	1.86	8.41	煤油气	1.4	7.5
戊烷	1.4	8	天然气	5	16
己烷	1.25	6.9	一氧化碳	12.5	74.2
庚烷	1	6	氢	4	74.2
乙烯	3	34	—	—	—

（4）在气流中火焰传播速度还和气流速度有关。气流的湍流化，将加速燃烧区的传热与传质过程，从而加速可燃混合物的预热，增大火焰传播速度。

此外，火焰传播速度还和惰性气体含量及管道直径等因素有关。

单一气体的最大火焰传播速度及最大速度下的气体浓度如表 2-7 所示。

单一气体的最大火焰传播速度及最大速度下的气体浓度　　表 2-7

气体种类	空气助燃下的火焰传播速度	
	最大法向的火焰传播速度（m/s）	最大速度下的燃气浓度（%）
H_2	4.83	38.5
CO	1.25	45
CH_4	0.67	9.8
C_2H_6	0.85	6.5
C_3H_8	0.82	4.6
C_4H_{10}	0.82	3.6
C_2H_4	1.42	7.1

　　火焰传播速度是决定可燃气体与空气混合物合适喷出速度的必要参考数据，因此对烧嘴设计及操作具有重要意义。

　　当可燃气体与空气混合物经烧嘴喷入窑内时，气流速度逐渐降低，温度逐渐升高至着火温度以上而导致燃烧。若在点燃处气体的流速大于火焰传播速度，则火焰根部不断向前移动，最后火焰根部将稳定在两者速度的相等处。

　　如果增大气流速度，火焰将在离烧嘴更远处才能稳定。当气流速度过大时，则此处可燃气体混合物已被周围介质所稀释，可燃气体浓度降低，火焰不能传播。当有点火源时可以点火，点火源撤除后，由于各点气流速度都大于火焰传播，火焰将被"吹走"，后来的气体不能着火，导致火焰熄灭，此种情况称为"脱火"。

　　如果降低气流速度至低于火焰传播速度，火焰将稳定在距烧嘴较近处。气流速度过低，前焰面将发展至烧嘴内部，此种情况称为"回火"。出现"回火"现象，不仅中断正常燃烧过程，而且由于燃烧在烧嘴内的有限空间进行，极易引起烧嘴或管道爆炸事故。

　　无论"脱火"还是"回火"都不是我们希望的，火焰只能在一定气流速度范围内保持自身稳定。

　　在实际生产中，当可燃混合物自烧嘴喷出的速度比较高，而且已超过脱火极限时，火焰不能保持自身稳定。为了保持稳定燃烧，必须从其他方面获得热量，使可燃混合物加热到着火温度以上。这一热量来源于自温燃烧室壁面和火焰的辐射热，以及高温烟气的回流。

六、气体的黏度

　　（一）气体在常压下各温度时的动力黏度（$\mu \times 10^{-6} Pa \cdot s$）和运动黏度（$V \times 10^{-6} m^2/s$）（表 2-8）

　　（二）甲烷的黏度与压力的关系

　　天然气在大多数情况下，是处于中、高压状态下输送，此时黏度与压力也有关，它对输送气体的阻力及能力影响较大，故应按使用状态下的黏度来计算管道输送天然气的阻力及能力。天然气的主要成分甲烷的动力黏度与压力的关系如表 2-9 所示。

气体在常压下各温度时的黏度（单位：动力黏度为 $\mu \times 10^{-6} Pa \cdot s$；运动黏度为 $V \times 10^{-6} m^2/s$）

表 2-8

温度 (℃)	黏度	气体名称								
		甲烷 CH_4	乙烷 C_2H_6	丙烷 C_3H_8	乙烯 C_2H_4	一氧化碳 CO	二氧化碳 CO_2	氢 H_2	氧 O_2	氮 N_2
0	动力黏度	10.506	8.63	7.508	9.623	16.943	14.094	8.51	19.661	16.931
	运动黏度	14.374	6.435	3.497	7.548	13.295	6.994	92.866	13.497	13.242
20	动力黏度	11.128	9.22	8.02	10.256	17.815	15.038	8.91	20.72	17.817
	运动黏度	16.592	7.504	4.078	8.779	15.204	8.146	105.63	15.478	15.159
100	动力黏度	13.62	11.57	10.06	12.787	21.305	18.813	10.51	24.954	21.36
	运动黏度	25.463	11.78	6.403	13.704	22.842	12.756	156.68	23.404	22.825
200	动力黏度	16.36	14.23	12.38	15.635	25.089	23.076	12.305	29.615	25.207
	运动黏度	38.784	18.38	9.972	21.247	34.109	19.841	233.27	35.221	34.158
300	动力黏度	18.822	16.67	14.5	18.225	28.461	26.966	14.045	33.78	28.637
	运动黏度	54.054	26.08	14.17	30.003	46.873	28.087	321.7	48.666	47.011
400	动力黏度	21.071	18.92	16.46	20.608	31.525	30.55	15.657	37.57	31.756
	运动黏度	71.075	34.77	18.89	39.847	60.982	37.374	421.23	63.575	61.232
500	动力黏度	23.147	21.01	18.28	22.818	34.346	33.88	17.199	41.063	34.628
	运动黏度	89.676	44.35	24.1	50.679	76.312	47.605	531.48	79.81	76.688
600	动力黏度	25.314	22.97	19.99	24.886	36.973	36.995	18.67	44.314	37.302
	运动黏度	110.76	54.76	29.75	62.418	92.772	58.707	657.57	97.27	93.294
700	动力黏度	26.9	24.82	21.59	26.833	39.411	39.929	20.091	47.368	39.812
	运动黏度	131.18	65.94	35.83	75.01	110.3	70.622	781.47	115.88	110.98
800	动力黏度	28.617	26.57	23.12	28.675	41.773	42.709	21.463	50.252	42.184
	运动黏度	153.9	77.84	42.66	88.402	128.81	83.302	920.65	135.58	129.68
900	动力黏度	30.25	28.23	24.56	30.427	43.986	45.352	22.799	52.944	44.44
	运动黏度	177.84	90.42	49.14	102.54	148.3	96.702	1069.05	156.3	149.34
1000	动力黏度	31.807	29.83	25.95	32.099	46.1	47.876	24.093	55.61	46.591
	运动黏度	202.94	104.01	56.33	117.13	168.68	110.79	1226.1	178	169.92

甲烷的动力黏度与压力的关系　表 2-9

压力 (绝对大气压)	动力黏度（$\mu \times 10^{-6} Pa \cdot s$）		
	0°	25°	75°
1	10.5	11.2	12.6
20	10.68	11.35	12.9
60	12.2	12.6	13.55
100	14.2	13.7	14.55
150	17.95	—	—
200	21.65	19.9	18.1
300	28	25.1	22.3

压力 （绝对大气压）	动力黏度（$\mu \times 10^{-6} Pa \cdot s$）		
	0°	25°	75°
400	33.6	30.05	36.2
600	—	38.9	53.3

（三）烟气的黏度

烟气在不同温度时的黏度如表 2-10 所示。

烟气在不同温度时的动力黏度和运动黏度

（$P=101335Pa$；烟气成分：$CO_2=13\%$，$H_2O=11\%$，$N_2=76\%$）　　表 2-10

温度（℃）	体积密度（kg/m³）	动力黏度 （$\mu \times 10^{-6} Pa \cdot s$）	运动黏度 （$V \times 10^{-6} m^2/s$）
0	1.295	15.8	12.2
100	0.95	20.4	21.47
200	0.748	24.5	32.75
300	0.617	28.2	45.71
400	0.525	31.7	60.38
500	0.457	34.8	76.15
600	0.405	37.9	93.58
700	0.363	40.7	112.12
800	0.330	43.7	131.52
900	0.301	45.9	152.49
1000	0.275	48.4	176
1100	0.257	50.7	197.28
1200	0.24	53	220.83

（四）空气的黏度

干空气在不同温度时的动力黏度和运动黏度如表 2-11 所示。

干空气在不同温度时的动力黏度和运动黏度　　表 2-11

温度（℃）	体积密度（kg/m³）	动力黏度 （$\mu \times 10^{-6} Pa \cdot s$）	运动黏度 （$V \times 10^{-6} m^2/s$）
−50	1.584	14.6	9.24
−40	1.515	15.2	10.04
−30	1.453	15.7	10.8
−20	1.395	16.2	11.61
−10	1.342	16.7	12.43
0	1.293	17.2	13.28
10	1.247	17.6	14.16
20	1.205	18.1	15.06
30	1.165	18.6	16
40	1.128	19.1	16.96

温度（℃）	体积密度（kg/m³）	动力黏度 （$\mu \times 10^{-6}$Pa·s）	运动黏度 （$V \times 10^{-6}$m²/s）
50	1.003	19.6	17.95
60	1.060	20.1	18.97
70	1.029	20.6	20.02
80	1	21.1	21.09
90	0.972	21.5	22.1
100	0.946	21.9	23.15
120	0.898	22.8	25.45
140	0.854	23.7	27.8
160	0.815	24.5	30.09
180	0.779	25.3	32.09
200	0.746	26	34.85
250	0.674	27.4	40.61
300	0.615	29.7	48.33
350	0.566	31.4	55.46
400	0.524	33	63.09
500	0.456	36.2	79.38
600	0.404	39.1	96.89
700	0.362	41.8	115.4
800	0.329	44.3	134.8
900	0.301	46.7	155.1
1000	0.277	49	177.1
1100	0.257	51.2	199.3
1200	0.237	53.5	233.7

七、空气的特性

（一）不同温度的空气体积密度

不同温度的空气体积密度如表 2-12 所示。

不同温度的空气体积密度　　　　　　　　表 2-12

温度（℃）	体积密度（kg/m³）	温度（℃）	体积密度（kg/m³）
0	1.293	40	1.128
5	1.27	45	1.11
10	1.248	50	1.096
15	1.226	55	1.076
20	1.205	60	1.06
25	1.185	65	1.044
30	1.165	70	1.029
35	1.146	80	1

续表

温度（℃）	体积密度（kg/m³）	温度（℃）	体积密度（kg/m³）
90	0.973	350	0.566
100	0.947	400	0.525
110	0.922	450	0.486
120	0.899	500	0.457
130	0.876	600	0.405
140	0.855	800	0.392
150	0.834	900	0.301
160	0.815	950	0.289
180	0.78	1000	0.277
200	0.747	1050	0.267
250	0.674	1100	0.257
300	0.616	1200	0.24

（二）空气在不同温度和不同相对湿度时的绝对湿度（表2-13）

空气在不同温度和不同相对湿度时的绝对湿度 表2-13

温度（℃） \ 空气的相对湿度（%）	50	55	60	65	70	75	80	85	90	95
40	0.02557	0.02812	0.03307	0.03323	0.03579	0.03835	0.04090	0.04396	0.04602	0.04857
45	0.03271	0.03598	0.03925	0.04252	0.04579	0.04907	0.05234	0.05561	0.05888	0.06215
50	0.04147	0.04562	0.04976	0.05391	0.05806	0.06221	0.06635	0.0705	0.07465	0.07879
55	0.05211	0.05732	0.06253	0.06774	0.07295	0.07817	0.08338	0.08859	0.0938	0.09901
60	0.06505	0.07155	0.07805	0.08456	0.09106	0.09757	0.1041	0.11058	0.11708	0.12359
65	0.08053	0.08858	0.09663	0.10468	0.11274	0.12079	0.12884	0.13689	0.14495	0.153
70	0.09898	0.10887	0.11877	0.12867	0.13857	0.14846	0.15836	0.16826	0.17816	0.18805
75	0.12083	0.13291	0.14499	0.15707	0.16916	0.18124	0.19332	0.20540	0.21749	0.22957
80	0.1465	0.16114	0.17579	0.19044	0.20509	0.21974	0.23439	0.24904	0.26369	0.27834
85	0.17662	0.19428	0.21194	0.22960	0.24726	0.26492	0.28258	0.30025	0.31791	0.33557
90	0.21404	0.23544	0.25684	0.27825	0.29965	0.32105	0.34246	0.36386	0.38526	0.40667
95	0.25206	0.27726	0.30247	0.32767	0.35288	0.37808	0.40329	0.42849	0.4537	0.4789
100	0.29409	0.32349	0.3529	0.38273	0.41172	0.44113	0.47054	0.49994	0.52935	0.55876

（三）不同温度和不同相对湿度时排除1kg水需干空气量（表2-14）

不同温度和不同相对湿度时排除1kg水需干空气量 表2-14

排潮相对湿度% \ 排潮温度（℃）\ 需干空气量（Nm³）	25	30	35	40	45	50	55	60	65	70	75	80	85	90	95
75	53.04	39.57	29.85	22.74	17.51	13.59	10.65	8.4	6.69	5.36	4.33	3.52	2.86	2.35	1.68
76	52.34	39.05	29.46	22.44	17.28	13.41	10.51	8.29	6.61	5.29	4.28	3.47	2.84	2.32	1.66

续表

需干空气量(Nm³) ＼ 排潮温度(℃) ＼ 排潮相对湿度%	25	30	35	40	45	50	55	60	65	70	75	80	85	90	95
77	51.66	38.55	29.08	22.15	17.05	13.23	10.38	8.18	6.52	5.22	4.22	3.43	2.81	2.29	1.64
78	51	38.05	28.71	21.87	16.83	13.06	10.24	8.08	6.44	5.15	4.17	3.38	2.77	2.26	1.62
79	50.35	37.57	28.34	21.59	16.62	12.9	10.11	7.97	6.35	5.09	4.11	3.34	2.73	2.23	1.59
80	49.73	37.1	27.99	21.33	16.41	12.74	9.98	7.88	6.27	5.03	4.06	3.3	2.7	2.2	1.58
81	49.11	36.64	27.64	21.06	16.21	12.58	9.86	7.78	6.2	4.96	4.01	3.26	2.67	2.17	1.56
82	48.51	36.2	27.3	20.8	16.01	12.43	9.74	7.68	6.12	4.9	3.96	3.22	2.63	2.15	1.54
83	47.93	35.8	26.98	20.55	15.82	12.28	9.63	7.59	6.05	4.84	3.92	3.18	2.6	2.12	1.52
84	47.36	35.33	26.65	20.31	15.63	12.13	9.51	7.5	5.98	4.79	3.87	3.14	2.57	2.1	1.5
85	46.8	34.92	26.34	20.07	15.44	11.99	9.4	7.41	5.91	4.73	3.82	3.11	2.54	2.07	1.48
86	46.26	34.51	26.03	19.84	15.27	11.85	9.32	7.32	5.84	4.67	3.78	3.07	2.51	2.05	1.47
87	45.72	34.11	25.74	19.61	15.09	11.71	9.18	7.24	5.77	4.62	3.74	3.03	2.48	2.02	1.45
88	45.2	33.73	25.44	19.39	14.92	11.58	9.08	7.16	5.7	4.57	3.69	3	2.45	2	1.43
89	44.7	33.35	25.16	19.17	14.75	11.45	8.98	7.08	5.64	4.52	3.65	2.97	2.43	1.98	1.42
90	44.2	32.98	24.88	18.96	14.89	11.32	8.88	7	5.58	4.47	3.61	2.93	2.4	1.96	1.4
91	43.71	32.62	24.6	18.75	14.43	11.2	8.78	6.92	5.52	4.42	3.57	2.9	2.37	1.93	1.38
92	43.24	32.26	24.34	18.54	14.27	11.08	8.68	6.85	5.46	4.37	3.53	2.87	2.35	1.91	1.37
93	42.77	31.91	24.08	18.34	14.12	10.96	8.57	6.77	5.4	4.32	3.49	2.84	2.32	1.89	1.35
94	42.32	31.57	23.82	18.15	13.97	10.84	8.5	6.7	5.34	4.28	3.46	2.81	2.3	1.87	1.34
95	41.87	31.24	23.57	17.96	13.82	10.73	8.41	6.63	5.28	4.23	3.42	2.78	2.27	1.85	1.33

八、水的热特性

（一）水在不同温度下的汽化热（表 2-15）

水在不同温度下的汽化热　　　　　　　　表 2-15

温度（℃）	水的汽化热	
	kJ/kg	kcal/kg
0	2487.1	595
10	2466.2	590
20	2441.1	584
45	2382.6	570
50	2374.2	568
80	2303.2	551
100	2253	539
120	2199	526
150	2115.1	506
180	2015	482
200	1956	468
220	1881	450

续表

温度（℃）	水的汽化热	
	kJ/kg	kcal/kg
250	1705	408
300	1379	330
374	0	0

（二）水的平均比热（表2-16）

水的平均比热 表 2-16

温度（℃）	比热	
	kJ/(kg·℃)	kcal/(kg·℃)
0	4.211	1.007
10	4.191	1.003
20	4.183	1.001
30	4.175	0.999
40	4.175	0.999
50	4.175	0.999
60	4.178	1
70	4.187	1.002
80	4.197	1.003
90	4.207	1.006

（三）水的黏度

水在不同温度时的黏度如表2-17所示。

水在不同温度时的动力黏度和运动黏度 表 2-17

温度（℃）	体积密度（kg/m³）	动力黏度 （$\mu \times 10^{-6}$Pa·s）	运动黏度 （$V \times 10^{-6}$m²/s）
0	999.9	1787	1.787
10	999.7	1305	1.305
20	998.2	1004	1.006
30	995.7	811.1	0.814
40	992.2	653.1	0.658
50	988.1	549.2	0.556
60	983.2	469.7	0.478
70	977.8	406	0.415
80	971.8	355	0.365
90	965.3	314.8	0.326
100	958.4	282.4	0.295
110	951	258.9	0.272
120	943.1	237.3	0.252
130	934.8	221.7	0.237

续表

温度（℃）	体积密度（kg/m³）	动力黏度 （$\mu \times 10^{-6}$Pa·s）	运动黏度 （$V \times 10^{-6}$m²/s）
140	926.1	201	0.217
150	917	186.3	0.203
160	907.4	173.6	0.191
170	897.3	168.8	0.188
180	866.9	153	0.173
190	876	144.2	0.165
200	863	136.3	0.158
210	852.08	130.4	0.153
220	840.3	124.6	0.148
230	827.3	119.6	0.145
240	813.6	114.8	0.141
250	799	109.8	0.137
260	784	105.9	0.135
270	767.9	102	0.133
280	750.7	98.06	0.131
290	732.3	94.14	0.129
300	712.5	91.12	0.128
310	691.1	88.24	0.128
320	667.1	85.31	0.128
330	640.2	81.39	0.127
340	610.1	77.47	0.127
350	574.4	72.56	0.126
360	528	66.68	0.126
370	450.5	56.87	0.126

九、坯体的化学反应热耗理论计算

$$Q_{化} = 2100Al_2O_3\% G_{坯干}$$

式中　$G_{坯干}$——入窑坯体绝干黏土原料质量（kg）；

2100——1kgAl_2O_3 的反应热（kJ/kg）；

Al_2O_3——绝干黏土原料中 Al_2O_3 的含量。

（一）黏土原料在焙烧过程中的化学反应热耗（表2-18）

黏土原料在焙烧过程中的化学反应热耗　　　　　　　表2-18

黏土中 Al_2O_3 含量（%）	化学反应热耗	
	kJ/kg 黏土	kcal/kg 黏土
5	105	25.12
6	126	30.14

黏土中 Al_2O_3 含量（%）	化学反应热耗	
	kJ/kg 黏土	kcal/kg 黏土
7	147	35.17
8	168	40.19
9	189	45.22
10	210	50.24
11	231	55.26
12	255	60.29
13	273	65.31
14	294	70.33
15	315	75.36
16	336	80.38
17	357	85.41
18	378	90.43
19	399	95.45
20	420	100.48
21	441	105.5
22	462	110.53
23	483	115.55
24	504	120.57
25	525	125.6

（二）黏土原料焙烧出成品的化学反应热耗（表 2-19）

黏土原料焙烧出成品的化学反应热耗　　　　　　　表 2-19

黏土中 Al_2O_3 含量（%）	化学反应热耗（kcal/kg 成品）			
	烧失量 6%	烧失量 8%	烧失量 10%	烧失量 12%
5	26.72	27.3	27.91	28.55
6	32.06	32.76	33.49	34.25
7	37.47	38.23	39.07	39.97
8	42.76	43.68	44.66	45.67
9	48.11	49.15	50.24	51.39
10	53.45	54.61	55.82	57.09
11	58.79	60.07	61.4	62.8
12	64.14	65.53	66.99	68.51
13	69.48	70.99	72.57	74.22
14	74.82	76.45	78.15	79.92
15	80.17	81.91	83.73	85.64
16	85.51	87.37	89.31	91.34
17	90.86	92.84	94.9	97.06
18	96.2	98.29	100.48	102.76
19	101.54	103.75	106.06	108.84

续表

黏土中 Al₂O₃ 含量（%）	化学反应热耗（kcal/kg 成品）			
	烧失量 6%	烧失量 8%	烧失量 10%	烧失量 12%
20	106.89	109.22	111.64	114.18
21	112.23	114.67	117.22	119.89
22	117.59	120.14	122.81	125.6
23	122.93	125.6	128.39	131.31
24	128.27	131.05	133.97	137.01
25	133.62	136.52	139.55	142.73

十、燃料燃烧时所需理论空气量及烟气生成量

（一）固体燃料燃烧时所需的空气量及烟气生成量（表 2-20）

固体燃料燃烧时所需的空气量及烟气生成量　　表 2-20

固体燃料热值	名称	单位	过量空气系数															
			1	2	3	3.5	4	4.5	5	5.5	6	6.5	7	7.5	8	8.5	9
4180kJ/kg (1000kcal/kg)	空气量	Nm³/kg	1.51	3.02	4.53	5.29	6.04	6.8	7.55	8.31	9.06	9.82	10.57	11.33	12.08	12.84	13.59
	烟气量		2.54	4.05	5.56	6.32	7.07	7.83	8.58	9.34	10.09	10.85	11.6	12.36	13.11	13.87	14.62
6270kJ/kg (1500kcal/kg)	空气量	Nm³/kg	2.02	4.04	6.06	7.07	8.08	9.09	10.1	11.11	12.12	13.13	14.14	15.15	16.16	17.17	19.8
	烟气量		2.99	5.01	7.03	8.04	9.05	10.06	11.07	12.08	13.09	14.1	15.11	16.12	17.13	18.14	20.77
8360kJ/kg (2000kcal/kg)	空气量	Nm³/kg	2.52	5.04	7.56	8.82	10.08	11.34	12.06	13.86	15.12	16.38	17.64	18.90	20.16	21.42	22.68
	烟气量		3.43	5.59	8.47	9.73	10.99	12.25	13.51	14.77	16.03	17.29	18.55	19.81	21.07	22.33	23.59
10450kJ/kg (2500kcal/kg)	空气量	Nm³/kg	3.03	6.06	9.09	10.61	12.12	13.64	15.15	16.67	18.18	19.70	21.21	22.73	24.24	25.76	27.27
	烟气量		3.88	6.91	9.94	11.46	12.97	14.49	16	17.52	19.03	20.55	22.06	23.58	25.09	26.61	28.12
12540kJ/kg (3000kcal/kg)	空气量	Nm³/kg	3.53	7.06	10.59	12.36	14.12	15.89	17.65	19.42	21.18	22.95	24.71	26.48	28.24	30.01	31.77
	烟气量		4.32	7.85	11.38	13.15	14.91	16.68	18.44	20.21	21.97	23.74	25.50	27.27	29.03	30.8	32.56
14630kJ/kg (3500kcal/kg)	空气量	Nm³/kg	4.04	8.08	12.12	14.14	16.16	18.18	20.2	22.22	24.24	26.26	28.28	30.3	32.32	34.34	36.36

续表

固体燃料热值	名称	单位	过量空气系数														
			1	2	3	3.5	4	4.5	5	5.5	6	6.5	7	7.5	8	8.5	9
14630kJ/kg (3500kcal/kg)	烟气量	Nm³/kg	4.77	8.81	12.85	14.87	16.89	18.91	20.93	22.95	24.97	26.99	29.01	31.03	33.05	35.07	37.09
16720kJ/kg (4000kcal/kg)	空气量	Nm³/kg	4.54	9.08	13.62	15.89	18.16	20.43	22.70	24.97	27.24	29.51	31.78	34.05	36.32	28.59	40.86
	烟气量		5.21	9.75	14.29	16.56	18.83	21.1	23.37	25.64	27.91	30.18	32.45	34.72	36.99	39.26	41.53
18810kJ/kg (4500kcal/kg)	空气量	Nm³/kg	5.05	10.1	15.15	17.68	20.2	22.73	25.25	27.78	30.3	32.83	35.35	37.88	40.4	42.93	45.45
	烟气量		5.66	10.71	15.76	18.29	20.81	23.34	25.86	28.39	30.91	33.44	35.96	38.49	41.01	43.54	46.06
20900kJ/kg (5000kcal/kg)	空气量	Nm³/kg	5.55	11.1	16.65	19.43	22.2	24.98	27.75	30.53	33.3	36.08	38.85	41.63	44.4	47.18	49.95
	烟气量		6.1	11.65	17.2	19.98	22.75	25.53	28.3	31.08	33.85	36.63	39.4	42.18	44.95	47.73	50.5
22990kJ/kg (5500kcal/kg)	空气量	Nm³/kg	6.06	12.12	18.18	21.21	24.24	27.27	30.3	33.33	36.36	39.39	42.42	45.45	48.48	51.51	54.54
	烟气量		6.55	12.61	18.67	21.7	24.73	27.76	30.79	33.82	36.85	39.88	42.91	45.94	48.97	52	55.03
25080kJ/kg (6000kcal/kg)	空气量	Nm³/kg	6.56	13.12	19.68	22.96	26.24	29.52	32.80	36.08	39.36	42.64	45.92	49.2	52.48	55.76	59.04
	烟气量		6.99	13.55	20.11	23.29	26.67	29.95	33.23	36.51	39.79	43.07	46.35	49.63	52.91	56.19	59.47
27170kJ/kg (6500kcal/kg)	空气量	Nm³/kg	7.07	14.14	21.21	24.75	28.28	31.82	35.35	38.89	42.42	45.96	49.49	53.03	56.56	60.1	63.63
	烟气量		7.44	14.51	21.58	25.12	28.65	32.19	35.72	39.26	42.79	46.33	49.86	53.4	56.93	60.47	64
29260kJ/kg (7000kcal/kg)	空气量	Nm³/kg	7.57	15.14	22.71	26.5	30.28	34.07	37.85	41.64	45.42	49.21	52.99	56.78	60.56	604.35	68.13
	烟气量		7.88	15.45	23.02	26.81	30.59	34.38	38.16	41.95	45.73	49.52	53.30	57.09	60.87	64.66	68.44

（二）液体燃料燃烧时所需的空气量及烟气生成量（表2-21）

液体燃料燃烧时所需的空气量及烟气生成量 表2-21

液体燃料热值	名称	单位	过量空气系数													
			1	2	3	3.5	4	4.5	5	5.5	6	6.5	7	7.5	8	8.5	9
16720kJ/kg (4000kcal/kg)	空气量	Nm³/kg	4.98	9.96	14.94	17.43	19.92	22.41	24.9	27.39	29.88	32.37	34.86	37.35	39.84	42.33	44.82
	烟气量		3.89	8.87	13.85	16.34	18.83	21.32	23.81	26.3	28.79	31.28	33.77	36.26	38.75	41.24	43.73
18810kJ/kg (4500kcal/kg)	空气量	Nm³/kg	5.4	10.8	16.2	18.9	21.6	24.3	27	29.7	32.4	35.1	37.8	40.5	43.2	45.9	48.6
	烟气量		4.44	9.84	15.24	17.94	20.64	23.34	26.04	28.74	31.44	34.14	36.84	39.54	42.24	44.94	47.64
20900kJ/kg (5000kcal/kg)	空气量	Nm³/kg	5.8	11.6	17.4	20.3	23.2	26.1	29	31.9	34.8	37.7	40.6	43.5	46.4	49.3	52.2
	烟气量		5	10.8	16.6	19.5	22.4	25.3	28.2	31.1	34	36.9	39.8	42.7	45.6	48.5	51.4
22990kJ/kg (5500kcal/kg)	空气量	Nm³/kg	6.25	12.5	18.75	21.88	25	28.13	31.25	34.38	37.5	40.63	43.75	46.88	50	53.13	56.25
	烟气量		5.55	11.8	18.05	21.18	24.3	27.43	30.55	33.68	36.8	39.93	43.05	46.18	49.3	52.43	55.55
25080kJ/kg (6000kcal/kg)	空气量	Nm³/kg	7.1	14.2	21.3	24.85	28.4	31.43	35.5	39.05	42.6	46.15	49.7	53.25	56.8	60.35	63.9
	烟气量		6.66	13.76	20.86	24.41	27.96	31.51	35.06	38.61	42.16	45.71	49.26	52.81	56.36	59.91	63.46
27170kJ/kg (6500kcal/kg)	空气量	Nm³/kg	7.53	15.06	22.59	26.36	30.12	33.89	37.65	41.42	45.18	48.95	52.71	56.48	60.24	64.01	67.77
	烟气量		7.22	14.75	22.28	26.05	29.81	33.58	37.34	41.11	44.87	48.64	52.4	56.17	59.93	63.7	67.46
29260kJ/kg (7000kcal/kg)	空气量	Nm³/kg	7.95	15.9	23.85	27.83	31.8	35.78	39.75	43.73	47.7	51.68	55.65	59.63	63.6	67.58	71.55
	烟气量		7.77	15.72	23.67	27.65	31.62	35.6	39.57	43.55	47.52	51.5	55.47	59.45	63.42	67.4	71.37
31350kJ/kg (7500kcal/kg)	空气量	Nm³/kg	8.38	16.76	25.14	29.33	33.52	37.71	41.9	46.09	50.28	54.47	58.66	62.85	67.04	71.23	75.42
	烟气量		8.33	16.71	25.09	29.28	33.47	37.66	41.85	46.04	50.23	54.42	58.61	62.8	66.99	71.18	75.37

液体燃料热值	名称	单位	过量空气系数														
			1	2	3	3.5	4	4.5	5	5.5	6	6.5	7	7.5	8	8.5	9
33440kJ/kg (8000kcal/kg)	空气量	Nm³/kg	8.8	17.6	26.4	30.8	35.2	39.6	44	48.4	52.8	57.2	61.6	66	70.4	74.8	79.2
	烟气量		8.88	17.68	26.48	30.88	35.28	39.68	44.08	48.48	52.88	57.28	61.68	66.08	70.48	74.88	79.28
35530kJ/kg (8500kcal/kg)	空气量	Nm³/kg	9.23	18.46	27.69	32.31	36.92	41.54	46.15	50.77	55.38	60	64.61	69.23	73.84	78.46	83.07
	烟气量		9.44	18.67	37.9	32.52	37.13	41.75	46.36	50.98	55.59	60.21	64.82	69.44	74.05	78.67	83.28
37620kJ/kg (9000kcal/kg)	空气量	Nm³/kg	9.65	19.3	28.95	33.78	38.6	43.43	48.25	53.08	57.9	62.73	67.55	72.38	77.2	82.03	86.85
	烟气量		9.99	19.64	29.29	34.12	38.94	43.77	48.59	53.42	58.24	63.07	67.89	72.72	77.54	82.37	87.19
39710kJ/kg (9500kcal/kg)	空气量	Nm³/kg	10.08	20.16	30.24	35.28	40.32	45.36	50.4	55.44	60.48	65.52	70.56	75.6	80.64	85.68	90.72
	烟气量		10.55	20.63	30.71	35.75	40.79	45.83	50.87	55.91	60.95	65.99	71.03	76.07	81.11	86.15	91.19
41800kJ/kg (10000kcal/kg)	空气量	Nm³/kg	10.5	21	31.5	36.75	42	47.25	52.5	57.75	63	68.25	73.5	78.75	84	89.25	94.5
	烟气量		11.1	21.6	32.1	37.35	42.6	47.85	53.1	58.35	63.6	68.85	74.1	79.35	84.6	89.85	95.1

（三）气体燃料燃烧时所需的空气量及烟气生成量（表2-22）

气体燃料燃烧时所需的空气量及烟气生成量　　　　表2-22

气体燃料热值	名称	单位	过量空气系数														
			1	2	3	3.5	4	4.5	5	5.5	6	6.5	7	7.5	8	8.5	9
4180kJ/kg (1000kcal/kg)	空气量	Nm³/kg	0.88	1.76	2.64	3.08	3.52	3.96	4.4	4.48	5.28	5.72	6.16	6.6	7.04	7.55	7.92
	烟气量		1.73	2.61	3.49	3.93	4.37	4.81	5.25	5.69	6.13	6.57	7.01	7.45	7.89	8.44	8.77
6270kJ/kg (1500kcal/kg)	空气量	Nm³/kg	1.31	2.62	3.93	4.59	5.24	5.9	6.55	7.21	7.86	8.52	9.17	9.83	10.48	11.14	11.79
	烟气量		2.09	3.4	4.71	5.37	6.02	6.68	7.33	7.99	8.64	9.3	9.95	10.61	11.26	11.92	12.57
8360kJ/kg (2000kcal/kg)	空气量	Nm³/kg	1.75	3.5	5.25	6.13	7	7.88	8.75	9.63	10.5	11.38	12.25	13.13	14	14.88	15.75

续表

气体燃料热值	名称	单位	过量空气系数														
			1	2	3	3.5	4	4.5	5	5.5	6	6.5	7	7.5	8	8.5	9
8360kJ/kg (2000kcal/kg)	烟气量	Nm³/kg	2.45	4.2	5.95	6.83	7.7	8.58	9.45	10.33	11.2	12.08	12.95	13.83	14.7	15.58	16.45
10450kJ/kg (2500kcal/kg)	空气量	Nm³/kg	2.15	4.3	6.45	7.53	8.6	9.68	10.75	11.83	12.9	13.98	15.05	16.13	17.2	18.28	19.35
	烟气量		2.75	4.9	7.05	8.13	9.2	10.28	11.35	12.43	13.5	14.58	15.65	16.73	17.86	18.88	19.95
12540kJ/kg (3000kcal/kg)	空气量	Nm³/kg	2.72	5.44	8.16	9.52	10.88	12.24	13.6	14.96	16.32	17.68	19.04	20.4	21.76	23.12	24.48
	烟气量		3.3	6.02	8.74	10.1	11.46	12.84	14.18	15.54	16.9	18.26	19.62	20.98	22.34	23.7	25.06
14630kJ/kg (3500kcal/kg)	空气量	Nm³/kg	3.57	7.14	10.71	12.50	14.28	16.07	17.85	19.64	21.42	23.21	24.99	26.78	28.56	30.35	32.13
	烟气量		4.24	7.81	11.38	13.17	14.95	16.74	18.52	20.31	22.09	23.88	25.66	27.45	29.23	32.64	38.8
16720kJ/kg (4000kcal/kg)	空气量	Nm³/kg	4.11	8.22	12.33	14.39	16.44	18.5	20.55	22.61	24.66	26.72	28.77	30.83	32.88	34.94	36.99
	烟气量		4.81	8.92	13.03	15.09	17.14	19.20	21.25	23.31	25.36	27.42	29.47	31.53	33.58	35.64	37.69
18810kJ/kg (4500kcal/kg)	空气量	Nm³/kg	4.66	9.32	13.98	16.31	18.64	20.97	23.3	25.63	27.96	30.29	32.62	34.95	37.28	39.61	41.94
	烟气量		5.38	10.04	14.7	17.03	19.36	21.69	24.02	26.35	28.68	31.01	33.34	35.67	38	40.33	42.66
20900kJ/kg (5000kcal/kg)	空气量	Nm³/kg	5.2	10.4	15.6	18.2	20.8	23.4	26	28.6	31.2	33.8	36.4	39	41.6	44.2	46.8
	烟气量		5.95	11.15	16.35	18.95	21.55	24.15	26.75	29.35	31.95	34.55	37.15	39.75	42.35	44.95	47.55
22990kJ/kg (5500kcal/kg)	空气量	Nm³/kg	5.75	11.5	17.25	20.13	23	25.88	28.75	31.63	34.5	37.38	40.25	43.13	46	48.88	51.75
	烟气量		6.52	12.27	18.02	20.9	23.77	26.65	29.52	32.4	35.27	38.15	41.02	43.9	46.77	49.65	52.52
25080kJ/kg (6000kcal/kg)	空气量	Nm³/kg	6.29	12.58	18.87	22.02	25.16	28.31	31.45	34.6	37.74	40.89	44.03	47.18	50.32	53.47	56.61
	烟气量		7.09	13.38	19.67	22.82	25.96	29.11	32.25	35.4	38.54	41.69	44.83	47.98	51.12	54.27	57.41

气体燃料热值	名称	单位	过量空气系数													
			1	2	3	3.5	4	4.5	5	5.5	6	6.5	7	7.5	8	8.5	9
27170kJ/kg (6500kcal/kg)	空气量	Nm³/kg	6.84	13.68	20.52	23.94	27.36	30.78	34.2	37.62	41.04	44.46	47.88	51.3	54.72	58.14	61.56
	烟气量		7.66	14.5	21.34	24.76	28.18	31.6	35.02	38.44	41.86	45.28	48.7	52.12	55.54	58.96	62.38
29260kJ/kg (7000kcal/kg)	空气量	Nm³/kg	7.38	14.76	22.14	25.83	29.52	33.21	36.9	40.59	44.28	47.97	51.66	55.35	59.04	62.73	66.42
	烟气量		8.23	15.61	22.99	26.68	30.37	34.06	37.75	41.44	45.13	48.82	52.51	56.2	59.89	63.58	67.27
31350kJ/kg (7500kcal/kg)	空气量	Nm³/kg	7.93	15.86	23.79	27.76	31.72	35.69	39.65	43.62	47.58	51.55	55.51	59.48	63.44	67.41	71.37
	烟气量		8.8	16.73	24.66	28.63	32.59	36.56	40.52	44.49	48.45	52.42	56.38	60.35	64.31	68.28	72.24
33440kJ/kg (8000kcal/kg)	空气量	Nm³/kg	8.47	16.94	25.41	29.65	33.88	38.12	42.35	46.59	50.82	55.06	59.29	63.53	67.76	72	76.23
	烟气量		9.37	17.84	26.31	30.55	34.78	39.02	43.25	47.49	51.72	55.96	60.19	64.43	68.66	92.9	77.13
35530kJ/kg (8500kcal/kg)	空气量	Nm³/kg	9.02	18.04	27.06	31.57	36.08	40.59	45.1	49.61	54.12	58.63	63.14	67.65	72.13	76.67	81.18
	烟气量		9.94	19.96	27.98	32.49	37	41.51	46.02	50.53	55.04	59.55	64.06	68.57	73.08	77.59	82.1
37620kJ/kg (9000kcal/kg)	空气量	Nm³/kg	9.56	19.12	28.68	33.46	38.24	43.02	47.8	52.58	57.36	62.14	66.92	71.7	76.48	81.26	86.04
	烟气量		10.51	20.07	29.63	34.41	39.19	43.97	48.75	53.53	58.31	63.09	67.87	72.65	77.43	82.21	86.99
39710kJ/kg (9500kcal/kg)	空气量	Nm³/kg	10.11	20.22	30.33	35.39	40.44	45.5	50.55	55.61	60.66	65.72	70.77	75.83	80.88	85.94	90.99
	烟气量		11.08	21.19	31.3	36.36	41.41	46.47	51.52	56.58	61.63	66.69	71.74	76.8	81.85	86.91	91.96

第二节　燃　　料

一、燃料的分类

燃料的分类如表 2-23 所示。

燃料的分类 表 2-23

燃料来源	物态		
	气态	液态	固态
天然的	天然气	石油	泥煤、褐煤、烟煤、无烟煤、可燃页岩等
人造的	高炉煤气、焦炉煤气、发生炉煤气等	汽油、煤油、柴油、重油等	焦炭、煤粉等

二、燃料的燃烧计算

燃料燃烧计算的目的是计算 1kg 煤或油或 1Nm³ 煤气燃烧所需要的空气量和燃烧产物量。其近似计算公式如表 2-24 所示。

燃料燃烧近似计算公式 表 2-24

燃料种类	理论空气需要量（Nm³/kg）（Nm³/Nm³）	理论燃烧产物量（Nm³/kg）（Nm³/Nm³）
煤	$V_0^{空}=1.01\dfrac{Q_{低}^{用}}{1000}+0.5$	$V_0^{烟}=0.89\dfrac{Q_{低}^{用}}{1000}+1.65$
液态燃料	$V_0^{空}=0.85\dfrac{Q_{低}^{用}}{1000}+2$	$V_0^{烟}=1.11\dfrac{Q_{低}^{用}}{1000}$
气态燃料	当 $Q_{低}^{用}<3000\text{kcal/Nm}^3$ 时，$V_0^{空}=0.875\dfrac{Q_{低}^{用}}{1000}$ 当 $Q_{低}^{用}>3000\text{kcal/Nm}^3$ 时，$V_0^{空}=1.09\dfrac{Q_{低}^{用}}{1000}-0.25$	当 $Q_{低}^{用}<3000\text{kcal/Nm}^3$ 时，$V_0^{烟}=0.725\dfrac{Q_{低}^{用}}{1000}+1$ 当 $Q_{低}^{用}>3000\text{kcal/Nm}^3$ 时，$V_0^{烟}=1.14\dfrac{Q_{低}^{用}}{1000}+0.25$
天然气	$V_0^{空}=1.015\dfrac{Q_{低}^{用}}{1000}+\Delta L$ 当 $Q_{低}^{用}<10000\text{kcal/Nm}^3$ 时，$\Delta L=0.02$ 当 $Q_{低}^{用}>10000\text{kcal/Nm}^3$ 时，$\Delta L=0$	$V_0^{烟}=V_0^{空}+\Delta V$ 当 $Q_{低}^{用}<8250\text{kcal/Nm}^3$ 时，$\Delta V=1$ 当 $Q_{低}^{用}>8250\text{kcal/Nm}^3$ 时，$\Delta V=0.38+\dfrac{0.075}{1000}Q_{低}^{用}$

注：发热量 $Q_{低}^{用}$ 的单位为 kcal。

三、燃料的一般特性

（一）燃料中可燃质的特性

（1）碳 C：碳是燃料中最主要的组成成分。它在燃烧时放出大量热量（8138kcal/kg 或 34072kJ/kg）。燃烧中的 C 和 H、O、N、S 等元素组成有机化合物的形态。因此在实际情况下，1kg 燃料燃烧时，每百分之一碳所放出的热量值比上述数值高。煤的发热量在一定范围内随着含碳量的增加而增加，但过了一定界限（含 C 量为 80%～85% 时），反而降低。这是因为当 C 增加时，H 减少了，而 H 的发热量比 C 的发热量要高得多的缘故。

(2) 氢 H：氢的燃烧热为 28600kcal/kg 或 119742kJ/kg（指气态氢化合成气态水时的燃烧热）。在固体燃料中 H 含量一般在 2%～10%。氢在燃料中以自由氢或与其他元素成化合形态存在。当 H 和 O 成化合物（水）存在时，则这部分 H 反而成为无益部分。

(3) 氧 O：氧在煤中含量波动很大。它不参与燃烧，而且是和其他可燃物质形成一系列化合物（如 H_2O、CO 等），从而降低了这些可燃物质的发热量，是无益成分。

(4) 氮 N：在固体和液体燃料中，N 的含量不多（在煤中含 N 量一般为 0.5%～2%），不参加燃烧并全部进入燃烧产物中，为无益成分。

(5) 挥发物：挥发物的数量和质量以及它们的性质，对于燃烧过程有着很大的影响。

煤在燃烧时，首先析出挥发分，且容易着火燃烧，挥发分多的煤火焰长，而火焰长短则影响燃烧过程的组织、温度分布等。挥发分少，则余下的焦炭多，燃烧热易集中于氧化层，使之温度高。

挥发物是由一些有机元素 C、H、O、N 和部分水所组成，其数量和质量与煤的种类和性质有关。例如，①年代越久的煤，挥发分越少。②年代越久的煤，所产生的挥发分的发热量越高，含氧量越低。③在加热过程中，年代越久的煤放出挥发分越晚。用普通方法在空气中加热到 850℃ 的煤的挥发分质量含量如表 2-25 所示。

煤的挥发分质量含量　　　　　　　　表 2-25

煤种	挥发分质量含量（%）
无烟煤	3.9～5.8
瘦煤	14.3
肥煤	28～30.6
气煤	39
长焰煤	46.7

煤开始析出挥发物的温度如表 2-26 所示。

煤开始析出挥发物的温度　　　　　　　　表 2-26

燃料种类	开始析出挥发物的温度（℃）	燃料种类	开始析出挥发物的温度（℃）
木材	约 160	炼焦煤	约 300
泥煤	100～110	瘦煤	约 390
褐煤	130～170	无烟煤	380～400
长焰煤	约 170	可燃页岩	约 250
气煤	约 210	—	—

(二) 燃料中杂质的特性

1. 灰分（A）

灰分是燃料中杂质的主要组成部分，一般来讲它是有害的杂质。燃料中的灰分含量是极不稳定的，大致范围如下（指供用质）：无烟煤 $5\%\sim40\%$；烟煤 $3\%\sim30\%$；褐煤 $20\%\sim40\%$；木材 $1\%\sim3\%$；重油 $0\sim0.2\%$。

灰分由酸性和碱性氧化物组成。其中，$SiO_2-Al_2O_3-\sum FeO-CaO$ 系统的总量约占 95%，其他的含量甚微。

2. 水分（W）

一般讲，水分是燃料中的杂质，它含在有机质内，也有部分含在矿物质内。水分对燃烧过程是不利的，因为不但减少了单位质量燃料中的可燃质的含量，而且在燃烧开始时，还要消耗热量来使它加热和蒸发。所以，燃料中水分越多，价值则越低。不过往往在烧碎煤时外加少量的水，对燃烧是有利的。

燃料的水分有自由水（或称机械水，由开采和运输中混入的水分）和结合水（燃料结构中的水分）。

燃料的水分含量波动很大，大致范围如下：重油 $1\%\sim2\%$（由水路运输或用直接蒸气预热卸油时，含水率允许不大于 5%）；无烟煤 $3\%\sim10\%$；烟煤 $5\%\sim15\%$；褐煤 $15\%\sim30\%$；木材 $20\%\sim25\%$。

3. 硫（S）

1）硫在燃料中的三种存在形态

（1）有机硫 S_0，以有机化合物的形式存在。

（2）黄铁矿硫 S_K，以 FeS_2 的形式存在。

（3）硫酸盐硫 S_C，如 $CaSO_4$、$FeSO_4$ 等。

总硫量 $\sum S=S_0+S_K+S_C$

其中，$S_\tau=S_0+S_K$ 属于可燃质中的硫，燃烧时放出热量，称为挥发硫，含量大致范围如下：重油 $0.8\%\sim3\%$；无烟煤 $0.25\%\sim3\%$；烟煤 $0.3\%\sim4\%$。

硫酸盐硫则属于灰分中的硫，它不参加燃烧反应。

2）硫是一种极有害的杂质

（1）硫的发热量约为 2200kcal/kg（9211kJ/kg），而煤的总发热量常为 6500kcal/kg（27214kJ/kg）左右，由于硫的发热量低，从而降低了可燃质的平均发热量。

（2）SO_2 和 H_2O 生成酸性物，腐蚀金属管件。

（3）硫氧化后生成的 SO_2 对人体有害。

四、固体燃料

（一）煤的性能

1. 煤的一般性能（表 2-27）

2. 煤的热工特性（表 2-28）

（二）煤的比热

几种煤的平均比热如表 2-29 所示。

煤的一般性能　　　　　　　　　　表 2-27

特性		泥煤	褐煤	烟煤	无烟煤
有机物组成	$C^{机}$（％）	53～64	64～80	76～91	90～96
	$H^{机}$（％）	5～6.6	3.4～6	3.3～6	1～4.5
	$O^{机}$（％）	28～38	14～30	2～19	0.5～6
	$N^{机}$（％）	1.5～3.8	0.7～2.5	0.5～2.2	0.5～1.3
	$V^{燃}$（％）	＞50	40～60	10～40	＜10
	$W^{用}$（％）	＞40，达80～90	35～50	3～16	1～3
	$A^{干}$（％）	较少	常较多	较多	较少
发热量 $Q^{燃}_{高}$（kcal/kg）		5000～5700	6000～7600	7600～8900	7400～8700
S		较低	—	—	—
颜色		暗土色	发棕色	灰黑色	黑褐色
光泽		有光泽	有光泽	有光泽	金属光泽
堆积密度（t/m³）		0.5～1	0.8～1.3	1.2～1.5	1.4～1.8
机械强度		大	较大	小	大
粘结性		弱	较弱	强	弱

煤的热工特性　　　　　　　　　　表 2-28

煤的种类		挥发分（％）	着火温度（℃）	低位热值 Q_{DW}	
				kcal/kg	kJ/kg
褐煤		＞37	250～450	3000～4000	12560～16747
烟煤	长焰煤	＞37	400～500	5000～8000	20934～33494
	气煤	＞37			
	肥煤	26～37			
	焦煤	＜26			
	瘦煤	＜20			
	贫煤	10～20			
无烟煤		0～10	650～700	6000～7800	25121～32657

几种煤的平均比热　　　　　　　　表 2-29

序号	煤的种类	平均比热	
		kJ/（kg·℃）	kcal/（kg·℃）
1	泥煤	1.338	0.32
2	褐煤	1.422	0.34
3	长焰煤	1.305	0.31
4	粉煤灰	0.753	0.18
5	气煤	1.263	0.3
6	肥煤	1.213	0.29
7	瘦煤	1.116	0.27

序号	煤的种类	平均比热	
		kJ/（kg·℃）	kcal/（kg·℃）
8	烟煤	1.3	0.31
9	无烟煤	0.836	0.2
10	煤渣	0.836	0.2
11	焦炭	0.836	0.2

（三）我国煤的分类

主要根据煤的成分，特别是依据挥发物的含量，或者采用［固定碳/挥发物］值等作为煤的分类指标。随着煤的年龄增加，它的挥发物、氧和氢的含量逐渐减少，而含碳量逐渐增加。

1. 无烟煤

无烟煤的挥发物（$V^{燃}$）含量仅为 $2\%\sim9\%$，所以着火困难，燃烧时有很短的青蓝色火焰，没有煤烟。无烟煤几乎全由炭组成，氢很少，发热量常较优质烟煤低，一般 $Q^{用}_{低}$ 为 $6400\sim7800$kcal/kg。［固定碳/挥发物］值在 12 以上。无烟煤的焦结性很差。它具有明亮的黑色光泽，机械强度高，储藏时稳定，不易自燃。

2. 烟煤

挥发物含量占 $9\%\sim45\%$ 的煤叫烟煤。其中，$V^{燃}<15\%$ 的煤叫贫煤，贫煤的［固定碳/挥发物］值为 $7\sim12$，其余烟煤的［固定碳/挥发物］值为 $1\sim7$。$V^{燃}>42\%\sim45\%$ 的煤叫长焰煤。在烟煤中只有挥发物含量小的贫煤和挥发物含量大的长焰煤焦结性较差，其余的烟煤焦结性都较强。烟煤中含碳量多，含氧量少，含水量不大，灰分一般也不高，挥发物又比无烟煤多，因此着火容易，发热量也高，$Q^{用}_{低}$ 为 $5000\sim8000$kcal/kg。

3. 褐煤

挥发物含量很高，$V^{燃}$ 为 $40\%\sim50\%$，甚至达 60%，挥发物析出温度也比较低，所以容易着火燃烧。褐煤的含碳量不多，含氧量高，水分和灰分都较大，故发热量不高，为 $2500\sim4000$kcal/kg。褐煤的焦炭是不结焦的，很容易破裂。褐煤外表多呈褐色，少数呈黑色，机械强度低，它的化学反应性很强，在空气中易风化变质，不易储存和远距离运输。

4. 泥煤

泥煤含碳量少，含氧量高达 30% 左右，水分也很多，含量达 $40\%\sim50\%$，因此发热量低，为 $2000\sim3500$kcal/kg。但泥煤 $V^{燃}$ 高达 70% 左右，易着火。泥煤易碎，不结焦。

五、液体燃料

随着石油工业的迅速发展，我国的一些工业窑炉也越来越多地采用重油、渣油、原油和柴油作为燃料，其中尤以重油用得多。

以下介绍重油的几种主要使用性质。

1. 密度

密度是指每单位体积中所含物质的质量大小。重油的密度一般为 $0.87 \sim 0.99 t/m^3$。

2. 黏度

一部分流体对另一部分流体在相对移动时给予阻力的性质称为黏度。对重油而言，它表明油在输送和雾化时的难易程度。油的黏度大小，对油泵、喷嘴的工作效率和燃料单位消耗量都有直接影响。若黏度高，则输送困难，油泵和喷嘴的工作效率将会降低，喷出速度也慢，雾化不良而影响其充分燃烧，使喷口碳化增加结焦，缩短了喷嘴的使用寿命，增加了燃料消耗量等。

为了保证燃料油在装卸、运输时有良好的流动性和燃烧操作时在喷嘴能很好地雾化，要求燃料油的恩氏黏度为 $8 \sim 12°E$；采用低压喷嘴时，油的黏度可不超过 $8°E$。为此，必须采取加热的方法来达到这一黏度。用油泵输送时，允许黏度可以稍大一些，一般不超过 $40°E$ 即可。

重油的黏度常用恩氏黏度（$°E$）来表示。恩氏黏度是指在测定温度下，油从恩格勒黏度计流出 $200mL$ 所需时间（s）与 $20℃$ 蒸馏水流出 $200mL$ 所需时间的比值。

重油黏度的大小除了用恩氏黏度（$°E$）表示外，还可用动力黏度和运动黏度表示。

动力黏度 μ_t 与恩氏黏度（$°E$）的关系式为：

$$\mu_t = v_t \left(0.00074°E_{20}^t - \frac{0.00064}{°E_{20}^t} \right) \times 9.80665$$

式中　μ_t——重油在 $t℃$ 时的动力黏度（$Pa \cdot s$）；

　　　v_t——重油在 $t℃$ 时的密度（t/m^3）；

　　　$°E_{20}^t$——重油在 $t℃$ 时的恩氏黏度。$°E_{20}^t$ 的数值比 μ_t（单位为 $Pa \cdot s$）值约大 150 倍。

压力较低时（$1 \sim 2MPa$），压力对黏度的影响可以忽略，但当压力较高时，黏度随压力升高而增大。

温度升高时油的黏度降低，但油温对黏度的影响是不均衡的。$50℃$ 以下时，温度对黏度的影响很大；$50 \sim 100℃$ 时，温度对黏度的影响较小（对黏度小的油更是如此）；而温度在 $100℃$ 以上变化时，对黏度的影响就更小（但某些高黏度的油除外）。

重油开始凝固的温度称为凝固点，在重油输送过程中，必须保持油温高于凝固点，否则会堵塞管道。重油的凝固点一般为 $11 \sim 25℃$，有的高达 $36℃$。

重油管路通常采用蒸气伴管加热，其主要原因是：①当气温较低时，重油在流动过程中温度会下降，黏度提高，流动困难；②重油的凝固点高，在流动过程中若温度降到凝固点以下就会造成油路堵塞；③用蒸气伴管加热，可以避免因油温下降引起的上述故障。

我国唐山陶瓷集团有限公司的燃油隔焰隧道室的余热锅炉产生的蒸气用于加热重油，以降低重油黏度，提高其流动性能。南京建通窑水泥技术有限公司的燃油烧砖隧道窑，当重油的黏度偏大，流动性能不佳时，也是用蒸气加热减小黏度后使用的。

重油管路用蒸气扫线（用蒸气吹扫整个重油管路）的目的是：①预热管路，保证油路运行畅通；②在油路停止运行前，用蒸气吹扫管路，可以吹出残油，防止残油凝固在管路内。

在开敞式油罐内，重油加热温度应低于油的闪点。油温加热过高的坏处是：①有发生火灾的危险；②产生大量有毒蒸气，从而污染环境；③容易出现冒罐；④浪费能源。

实际上工业窑炉所用的重油不完全是标准牌号，而是混合渣油。大多数炼油厂重油黏度大于规定标准，而硫分比标准低得多，我国重油大多数属于高黏度、低硫分的重油。

重油和渣油按50℃的恩氏黏度分为20号、60号、100号和200号四个牌号（表2-30）。

重油分类标准　　　　　　　　　　　　　　　表 2-30

指标	20 号	60 号	100 号	200 号
恩式黏度80℃时不大于（°E）	5	11	15.5	—
恩式黏度100℃时不大于（°E）	—	—	—	5.5～9.5
开口闪点不低于（℃）	80	100	120	130
凝固点不高于（℃）	15	20	25	36
灰分不大于（%）	0.3	0.3	0.3	0.3
水分不大于（%）	1	1.5	2	3
硫分不大于（%）	1	1.5	2	3
机械杂质不大于（%）	1.5	2	2.5	2.5

重油黏度对离心泵功率的影响和温度的关系如表 2-31 所示。

重油温度与黏度的关系及对离心泵功率的影响　　　　表 2-31

重油的温度（℃）	40	50	52	55	59	60	68	70	75
恩式黏度（°E）	140	70.9	66.8	48	41	35	23.3	19	14.08
离心泵有效功率（%）	—	5.8	3	7.47	8.64	9.6	12.7	13.8	15.8

从表 2-31 可知，重油的黏度越大，则油泵的有效功率就越低。

一般喷嘴用重油的黏度如表 2-32 所示。

一般喷嘴用重油的黏度　　　　　　　　　　　表 2-32

喷嘴类型	重油牌号	喷嘴前要求的黏度（°E）		喷嘴前重油的温度不低于（℃）
		一般采用	不大于	
机械雾化	60 号	2.5～3.5	7	93
机械雾化	80 号	2.5～3.5	7	98
高压蒸气（空气）雾化（外雾化）	60 号	4.5～5.8	15	73
高压蒸气（空气）雾化（外雾化）	80 号	4.5～5.8	15	77
高压蒸气（空气）雾化（内雾化）	60 号	4.5～5.8	15	73
高压蒸气（空气）雾化（内雾化）	80 号	4.5～5.8	15	77
低压空气雾化	60 号	3～4.5	8	91
低压空气雾化	80 号	3～4.5	8	87

从表 2-31 可知，重油的黏度越大，需要预热的温度越高。重油预热温度一般为 60～120℃。例如，20 号重油的预热温度为 65～80℃；60 号重油的预热温度为 80～100℃；100 号重油的预热温度为 90～105℃；200 号重油的预热温度为 100～115℃。

不同类型的油泵对重油黏度要求也不同，如表 2-33 所示。

油泵对重油黏度的要求   表 2-33

油泵形式	允许重油的极限黏度（°E）
齿轮泵和螺旋泵	200
离心式油泵	30
活塞泵和往复泵	80
高压齿轮泵	30

我国某烧结砖厂内宽 4.6m 的隧道窑用重油作燃料，其简要工艺流程如下。

储油罐（地下）

↓

过滤器

（2 个，因要清除堵滤网杂质，故备用 1 个）

↓

齿轮泵（2 个，备用 1 个）

↓

油箱（地上，2 个，备用 1 个）

↓

过滤器（2 个，备用 1 个）

↓

齿轮泵（2 个，备用 1 个）

↓

过滤器（4 个，规格小）

↓

隧道窑喷油嘴（外套管送入空气）

注意事项：

（1）只在烧成带的 4 个车位设喷油嘴，全窑共计 16 个喷油嘴。其中，每个车位设 1 个侧墙喷油嘴，离窑车顶面高 0.5m。另外，每车位设 3 个窑顶面喷油嘴。

（2）重油喷在坯垛与坯垛间隙中，切忌喷在坯体上，以免烧成瘤子砖。

（3）喷入窑内的重油量和风量可调。

3. 闪点、燃点和沸点

1）闪点

在常压下，重油加热到一定温度时，挥发出的部分蒸气与空气的混合物，用火一扫会闪现出蓝色火花，并又很快熄灭，这个最低温度称为闪点。闪点有开口和闭口两种测定方法。开口杯（油表面是敞开在大气中）测定闪点要在 80℃ 以下进行，否则采用闭口杯（油表面密闭在一个容器内），以免发生危险。通常闭口闪点比开口闪点低 20～40℃。闪点表明油的易燃程度，可用来判断重油发生火灾的可能性和确定防火等级。

闪点高，允许的预热温度也高，使黏度大的重油得到良好的流动性，但不易点着。

闪点低，要特别小心，预热时易着火，而且由于放出有害油蒸气使劳动条件差，并影响油泵的工作，还将使火焰波动，甚至熄灭。因此，在敞开的油罐内进行加热时，加热的温度应低于闪点 10～30℃。在密闭的有压力的油槽、管子或蛇形加热器内等加热，可以超过其闪点，但必须低于裂化温度。

重油的闪点（开口）范围为 80～130℃。闪点低于燃点。

2）燃点

在常压下，重油加热到一定温度时，挥发出的部分蒸气和空气的混合物，当遇到火焰时着火并继续燃烧的最低温度称为燃点。重油的燃点范围为 500～600℃。

3）沸点

在常压下，重油加热到一定温度的时候变成气体，这个温度叫作沸点。因重油只有变成蒸气后才能着火燃烧，故沸点永远低于燃点。

4. 凝固点

油品丧失流动状态时的温度叫作凝固点。根据凝固点的高低可以确定装卸的最低作业温度和油的加热措施等。这是输送和贮存作业的重要指标。重油的凝固点较高，故在储运过程中必须采取防凝措施，如罐内设加热器和管线伴热保温等。重油的凝固点为 11～25℃，甚至高达 36℃。

重油的凝固点还与含水量有关。含水量越多，凝固点就越高。

5. 含硫量

重油中的硫化物，主要是高分子有机硫化物。它们燃烧时与氧结合而成为 SO_2、SO_3，生成的 SO_2、SO_3 再与烟气中的水汽结合生成亚硫酸和硫酸，都对金属有腐蚀作用，排至外界污染环境。

6. 灰分

灰分是重油中的废物，它会降低重油的热值和燃烧效率。灰分有时是罐锈或垢、灰尘等。

重油中的灰分含量一般不大于 0.3%。

7. 水分

重油含水会降低发热量，在敞开槽中加热易起沫，并引起火焰波动，特别是当含水不均时，对喷嘴影响更为严重，使火焰产生间断甚至熄灭。重油的含水量应控制在 1%～2%。水分主要是加热过程中漏入的。

8. 重油的元素组成

重油的元素组成变化较小，平均：

$C^{燃}$ 为 85%～88%；$H^{燃}$ 为 10%～13%；$N^{燃}+O^{燃}$ 为 0.5%～1%；$S^{燃}$ 为 0.2%～1%。

9. 发热量

平均水分在 1%～2%，灰分不大于 0.3% 的重油发热量为 9500～10000kcal/kg（39775～41868kJ/kg）。

六、气体燃料

（一）天然气

1. 天然气的组成

天然气的发热量高，是一种极有价值的气体燃料，其主要成分是甲烷，一般含量大于 90%，而从油气田开采出来的天然气除有较多的甲烷外，还有大量的重碳氢化合物。

各类气体燃料的组成及热值如表 2-34 所示。

各类气体燃料的组成及热值　　　　表 2-34

气体名称	平均组成体积百分比（%）							热值	
	CO_2+H_2S	O_2	CO	H_2	CH_4	C_nH_m	N_2	kcal/Nm³	kJ/Nm³
天然气	0.1～2	—	—	0～2	85～97	0.1～4	1.2～4	8000～9200	33494～38519
焦炉煤气	2～3	0.7～1.2	4～8	53～60	19～25	1.6～2.3	7～13	3700～4000	15491～16747
高炉煤气	8～14	—	23～31	10～15	0.1～2.6	—	48～60	900～1265	3768～5296
水煤气	5～7	0.1～0.2	35～40	47～52	0.3～0.6	0.2～0.4	2～6	2400～2500	10048～10467
混合煤气	5～7	0.1～0.3	24～30	12～15	0.5～3		46～55	1150～1550	4815～6490
空气发生炉煤气	0.5～1.5	—	32～33	0.5～0.9	—	—	64～66	990～1030	4145～4312

2. 天然气的体积密度和相对密度

1）天然气的体积密度 ρ_0

$$\rho_0 = \frac{1}{22.4}(16V_{CH_4}+30V_{C_2H_6}+44V_{C_3H_8}+58V_{C_4H_{10}}+44V_{CO_2}$$
$$+34V_{H_2S}+28V_{CO}+2V_{H_2}+28V_{N_2}+28V_{C_2H_4})$$

式中　　　　　　ρ_0——天然气在标准状态下的体积密度（kg/Nm³）；

V_{CH_4}、$V_{C_2H_6}$、$V_{C_3H_8}$ 等——分别表示甲烷、乙烷、丙烷等各气体组分的体积百分比（%）。

其中，不饱和烃均按 C_2H_4 计算。

$$\rho_t = \frac{273}{273+t}$$

2）天然气的相对密度 d_0。

相对密度是天然气在标准状态下的体积密度与空气在标准状态下的体积密度的比值，是无量纲的（只有数值而没有单位）。

$$d_0 = \frac{\rho_0}{1.293}$$

3. 天然气的黏度

开采出来的天然气经清洗、除尘后可以远距离输送。随着温度的升高，天然气的黏度随之升高，在管道中流动的阻力也要增大。

在大多数情况下，天然气是处于中、高压状态下输送，此时黏度与压力也有关，它对输送气体的阻力及能力影响较大。天然气的主要成分甲烷在不同温度时的黏度，以及动力黏度与压力的关系如表 2-35 所示。

甲烷的动力黏度与压力的关系　　　　　　　　　　　　　　　表 2-35

压力（绝对大气压）	动力黏度（$\mu \times 10^{-6}$Pa·s）		
	0℃	25℃	75℃
1	10.5	11.2	12.6
20	10.68	11.35	12.9
60	12.2	12.6	13.55
100	14.2	13.7	14.55
150	17.95	—	—
200	21.65	19.9	18.1
300	28	25.1	22.3
400	33.6	30.05	36.2
600	—	38.9	53.3

4. 天然气的湿度及水合物

天然气中的水分会加剧气体中 H_2S 对管道金属的腐蚀。而被水分所饱和的烃类气体，在一定的压力及温度下又能够与水生成水合结晶，引起输气管道的堵塞，以至影响输气管道的正常运行。

5. 天然气的临界压力与临界温度

天然气的临界温度 T_k 是指气体超过这个温度就不能液化，而临界压力 P_k 是气体在相应的临界温度下液化所需的压力。

各种气体的临界压力与临界温度如表 2-36 所示。

6. 天然气的燃烧特性

1）天然气的发热量

$$Q_{低}^{用} = 85.5CH_4 + 153.7C_2H_6 + 223.5C_3H_8 + 292.8C_4H_{10} + 56.6H_2S$$

$$+30.2CO+25.7H_2+143.2C_2H_4$$

式中 CH_4、C_2H_6、C_3H_8 等——指天然气各组分的体积百分数（%）。

各种气体的临界压力与临界温度   表2-36

气体名称		甲烷 CH_4	乙烷 C_2H_6	丙烷 C_3H_8	丁烷 C_4H_{10}	乙烯 C_2H_4	硫化氢 H_2S	一氧化碳 CO	二氧化碳 CO_2	氢 H_2	氧 O_2	氮 N_2	空气
临界压力 P_k （MPa）		4.57	4.88	4.34	3.57	5.07	8.89	3.45	7.29	1.28	4.97	3.35	3.72
临界温度	t_k(℃)	−82	32	96	153	10	100	−140	31	−240	−119	−147	−141
	T_k(°K)	191	305	369	426	283	373	133	304	33	154	126	132

2）天然气的着火点与爆炸的浓度界限

天然气的着火点与爆炸的浓度界限，随天然气的成分及含尘情况等不同而有所变动，一般着火点约在500℃以上，与空气混合时爆炸的浓度界限为5%～15%（体积百分数）。

天然气中各主要可燃成分的发热量、着火点及爆炸的浓度界限如表2-37所示。

可燃气体的发热量与空气或氧气混合时的着火点及爆炸的浓度极限   表2-37

气体名称	发热量 $Q_{低}$		最低着火点（℃）		在20℃时的爆炸界限（体积名）			
	$kcal/Nm^3$	kJ/Nm^3	与空气混合	与氧气混合	与空气混合		与氧气混合	
					下限	上限	下限	上限
甲烷 CH_4	8550	35797	645	537	5.3	15	5	60
乙烷 C_2H_6	15370	64351	530	500	3	14	3.9	50.5
丙烷 C_3H_8	22350	93575	510	490	2.1	9.5	—	—
正丁烷 C_4H_{10}	29510	123552	490	460	1.5	8.5	—	—
异丁烷 C_4H_{10}	29050	121627	543	—	1.9	8.5	—	—
乙烯 C_2H_4	14320	59955	540	485	3	16	3	80
一氧化碳 CO	3020	12644	610	590	12.5	75	13	96
硫化氢 H_2S	5660～6720	23697～28135	290	220	4.3	45.5	—	—
氢 H_2	2570	10760	510	450	4.1	75	4.5	95

3）天然气的热容量（比热）

天然气的热容量用 C_p 或 C_u 表示，其分别为恒压或恒温下所量度的1kg气体的热容量。

气体的热容量与温度、压力有关。天然气中主要成分甲烷的热容量与压力、温度的关系如表2-38所示。

（二）焦炉煤气

焦炉煤气是煤气在炼焦过程中的副产品。煤在炼焦过程中可得到下列各种产品（按质量百分数）：

焦炭73%～78%，焦油2.5%～4.5%，焦炉煤气15%～18%；此外还可得到其他化工产品。

表 2-38

甲烷的热容量 C_p 和 C_u 与压力、温度的关系

温度(℃) \ 大气压(个)	1 C_p	1 C_u	10 C_p	10 C_u	20 C_p	20 C_u	30 C_p	30 C_u	40 C_p	40 C_u	50 C_p	50 C_u	60 C_p	60 C_u	70 C_p	70 C_u	80 C_p	80 C_u	90 C_p	90 C_u
−50	0.462	0.335	0.481	0.331	0.511	0.326	0.567	0.327	0.656	0.348	0.779	0.343	0.97	0.31	—	—	—	—	—	—
−40	0.473	0.346	0.492	0.344	0.523	0.346	0.57	0.35	0.638	0.373	0.73	0.383	0.867	0.422	1.213	0.541	—	—	—	—
−30	0.483	0.356	0.503	0.358	0.531	0.36	0.566	0.361	0.61	0.371	0.673	0.387	0.761	0.423	0.967	0.52	1.081	0.504	1.202	0.544
−20	0.493	0.367	0.513	0.37	0.526	0.37	0.564	0.37	0.597	0.378	0.639	0.386	0.689	0.399	0.801	0.425	0.907	0.398	0.966	0.429
−10	0.504	0.378	0.522	0.381	0.542	0.381	0.566	0.382	0.594	0.388	0.624	0.39	0.654	0.393	0.723	0.393	0.803	0.373	0.858	0.397
0	0.514	0.388	0.531	0.392	0.551	0.394	0.572	0.397	0.595	0.397	0.621	0.401	0.646	0.403	0.699	0.399	0.762	0.382	0.813	0.403
10	0.524	0.398	0.54	0.402	0.559	0.405	0.579	0.409	0.6	0.41	0.624	0.414	0.646	0.419	0.69	0.414	0.745	0.405	0.791	0.416
20	0.533	0.407	0.549	0.412	0.568	0.417	0.587	0.422	0.606	0.424	0.626	0.426	0.646	0.431	0.684	0.426	0.733	0.425	0.775	0.43
30	0.543	0.417	0.558	0.423	0.575	0.427	0.593	0.432	0.61	0.434	0.628	0.435	0.645	0.44	0.68	0.437	0.723	0.439	0.762	0.442
40	0.553	0.427	0.566	0.431	0.582	0.436	0.598	0.44	0.613	0.443	0.629	0.444	0.644	0.447	0.675	0.445	0.715	0.445	0.749	0.45
50	0.563	0.436	0.574	0.44	0.588	0.444	0.602	0.447	0.616	0.451	0.631	0.452	0.644	0.454	0.672	0.454	0.707	0.458	0.737	0.457

热容量 [kcal/(kg·℃)]

如果烧结砖瓦隧道窑使用焦炉煤气作燃料，最好先经过除水、去焦油等净化后才使用。焦炉煤气的平均成分范围如表 2-39 所示。

焦炉煤气的平均成分　　　　　　　　　　　　　　　　　表 2-39

H_2（%）	CO（%）	CH_4（%）	C_mH_n（%）	CO_2（%）	N_2（%）	O_2（%）	热值（kcal/Nm³）
46～61	4～8.5	21～30	1.5～3	1～4	3.6～26	0.3～1.7	3150～4580

（三）发生炉煤气

发生炉煤气是以固体燃料为原料，在煤气发生炉中经过气化而得到的人造气体燃料。在大多数情况下是以煤作为原料，有时也用焦炭，在个别地区甚至用木材作为原料。

发生炉煤气中含有的可燃物成分为 CO，H_2，CH_4，C_2H_4 等。非可燃成分为 N_2，CO_2，H_2O，O_2 等。

发生炉煤气根据发生炉所采用的鼓风种类不同，一般可分为三种，如表 2-40 所示。

发生炉煤气分类　　　　　　　　　　　　　　　　　　　表 2-40

煤气名称	鼓风	煤气发热量（kcal/Nm³）
空气发生炉煤气	空气	900～1100
混合发生炉煤气	空气-水蒸气	1200～1600
水煤气	水蒸气	2400～2700

在隧道窑上，主要使用混合发生炉煤气。有条件的地方，也用水煤气。

七、生物燃料

生物燃料是指从生物质得到的能源，它是人类最早利用的能源，是可再生能源之一，又称绿色能源。生物燃料泛指由生物质组成或萃取的固体、液体或气体燃料。

所谓生物质是指利用大气、水、土地等通过光合作用而产生的各种有机体。它包括植物、动物和微生物。生物燃料是太阳能转化而来的，其转化过程是通过绿色植物的光合作用将二氧化碳和水合成生物质，生物燃料燃烧又生成二氧化碳和水，形成一个物质的循环，理论上讲二氧化碳的净排放为零，燃烧中的有害气体物质很少。在现有以内燃焙烧为基础的一次码烧工艺烧结砖生产线上，要想完全达到国家现行标准规定的排放标准，将需要一笔很大的投资，另外还存在烟气净化处理之后的残留物的处理问题。

法国使用生物燃料焙烧空心砌块，成型使用的挤出机为法国赛力克制造的水平卧式挤出机，并使用了较大的机头挤出成型断面为 500mm×250mm×249mm 的大型空心砌块泥条。燃料燃烧系统：使用生物燃料的隧道窑与使用天然气的隧道窑在结构上没有差异，其长度为 140m 余，宽度为 4.6m 左右。该使用生物燃料的隧道窑配置有天然气燃烧系统，两套燃烧系统可以互换使用。生物燃料燃烧系统以及管道在隧道窑顶布置。颗粒状生物燃料可以使用压缩空气输送到窑顶燃烧器上的缓冲料斗，也可以使用类似于水车管道一样的管道内链条输送到窑顶燃烧器上的缓冲料斗。管道内链条输送避免了压缩空气输送时生物燃料的外泄，输送更可靠。输送到缓冲料斗的颗粒状生物燃料，经计量后进入燃烧器喷管前腔，由间歇式供给的压缩空气将颗粒状生物燃料送入密窑内燃烧。颗粒直径不大于 5mm 的生物燃料，均可直接使用。

由于生物燃料在燃烧过程中释放出的有害气体物质很少，烟气不需要净化处理。在隧道窑内的温度达 700℃ 以上时，这些颗粒状的生物燃料喷射进入窑内，其燃烧的特征如同天然气一样。压缩空气是颗粒状生物燃料的运输动力，同时也起到助燃作用。助燃空气量和生物燃料量是非常重要的控制参数。

法国利用生物燃料的工艺过程：生物燃料收集储存→破碎筛分→料斗缓冲储存→气力输送或管道链条输送→窑顶燃烧器缓冲料斗→燃料计量及配助燃空气→燃烧器喷管→进入窑内燃烧→烟气除尘。

问题：①系统设备造价不低；②生物燃料的来源难以保证源源不断，储存不能断货。

稻壳不用加工，可直接从窑顶投入。

生物燃料发热量（kcal/kg）：锯末（木屑）3500～4500；稻壳 3400；稻草 2400；麦草 3000；椰壳 3500～4000；棕榈壳≥4500；蔗糖渣 3800；玉米秸秆 3500；灌枝条 4300。

八、与燃料有关的其他计算

（一）燃料的发热量

1. 固体和液体燃料的发热量

1）由燃料的元素分析进行计算

$$Q_{低}^{用}=81M_{C^{用}}+246M_{H^{用}}-26(M_{O^{用}}-M_{S^{用}})-6M_{W^{用}}$$

式中　$M_{C^{用}}$、$M_{H^{用}}$、$M_{O^{用}}$、$M_{S^{用}}$、$M_{W^{用}}$——燃料中各成分的质量百分含量（%）。

2）由燃料的工业分析进行计算

$$褐煤：Q_{低}^{用}=10C+6500-10W-5A=\Delta Q$$

式中　C、W、A——燃料中的固定碳、水分和灰分含量（%）；

ΔQ——高发热量与低发热量的差值（kcal/kg）。

$$烟煤：Q_{低}^{用}=50C-9A+K-\Delta Q$$

式中　C、A、ΔQ——燃料中的固定碳、灰分、高发热量与低发热量的差值（kcal/kg）；

K——系数，燃料中挥发成分含量 V 与系数 K 的关系，如表 2-41 所示。

燃料中挥发成分含量 V 与系数 K 的关系							表 2-41
V（%）	≤20		20～30		30～40		>40	
粘结序数	<4	>5	<4	>5	<4	>5	<4	>5
K	4300	4600	4600	5100	4800	5200	5050	5550

3）高、低热值的换算

$$Q_{低}^{用}=Q_{高}^{用}-6\times(9H^{用}+W^{用})$$

式中　$Q_{高}^{用}$——供用燃料的高发热量（kcal/kg）；

$\quad\quad Q_{低}^{用}$——供用燃料的低发热量（kcal/kg）；

$H^{用}$、$W^{用}$——供用燃料中各组分的质量百分含量（%）。

2. 气体燃料的发热量

1）干煤气发热量的计算

$$Q_{低}^{干}=30.2V_{CO}+25.8V_{H_2}+85.9V_{CH_4}+142.9V_{C_2H_4}+55.3V_{H_2S}$$

$$Q_{高}^{干}=30.2V_{CO}+30.5V_{H_2}+95.3V_{CH_4}+152.3V_{C_2H_4}+60.0V_{H_2S}$$

式中　V_{CO}、V_{H_2}、V_{CH_4} 等——干煤气中各成分的体积百分含量（%）。

如煤气中尚含有未包括的其他成分，可运用表2-43进行补充。

2）湿煤气发热量的计算

$$Q_{低}^{用}=Q_{低}^{干}\times\frac{0.8036}{0.8036+Z}$$

$$Q_{高}^{用}=Q_{高}^{干}\times\frac{0.8036}{0.8036+Z}$$

式中　Z——干煤气中水分的质量含量（kg/Nm³）；

0.8036——水蒸气质量含量（kg/Nm³）。

3）天然气发热量的计算

$$Q_{低}^{用}=85.5V_{CH_4}+153.7V_{C_2H_6}+223.5V_{C_3H_8}+292.8V_{C_4H_{10}}+56.6V_{H_2S}$$

$$+30.2V_{CO}+25.7V_{H_2}+143.2V_{C_2H_4}$$

式中　V_{CH_4}、$V_{C_2H_4}$、V_{CO}、V_{H_2} 等——天然气各成分的体积百分含量（%）。

（二）过剩空气系数

为了使燃料趋于完全燃烧，实际上要供应比理论值多的空气量。多出的那部分叫作过剩空气。实际空气用量与理论空气用量之比值称为过剩空气系数（α）：

$$\alpha=\frac{V_{空}^{实}}{V_{空}^{理}}$$

式中　$V_{空}^{实}$——燃料燃烧时的实际空气用量（Nm³/kg）；

$\quad\quad V_{空}^{理}$——燃料燃烧时的理论空气用量（Nm³/kg）。

在表2-42中可查得：煤在不同过剩空气系数燃烧时所需空气用量及烟气生成量。

煤在不同过剩空气系数燃烧时所需空气用量及烟气生成量　　　　表2-42

煤的发热量	气体名称	单位	过剩空气系数 α								
			1	2	3	4	5	6	7	8	9
12540kJ/kg (3000kgα/kg)	空气量	Nm³/kg	3.53	7.06	10.59	14.12	17.65	21.18	24.71	28.24	31.77
	烟气量		4.32	7.85	11.38	14.91	18.44	21.97	25.5	29.03	32.56

煤的发热量	气体名称	单位	过剩空气系数 α								
			1	2	3	4	5	6	7	8	9
16720kJ/kg (4000kgα/kg)	空气量	Nm³/kg	4.54	9.08	13.62	18.16	22.7	27.24	31.78	36.32	40.86
	烟气量		5.21	9.75	14.29	18.83	23.37	27.91	32.45	36.99	41.53
20900kJ/kg (5000kgα/kg)	空气量	Nm³/kg	5.55	11	16.65	22.2	27.75	33.3	38.85	44.40	49.95
	烟气量		6.1	11.65	17.2	22.75	28.3	33.85	39	44.95	50.5
22990kJ/kg (5500kgα/kg)	空气量	Nm³/kg	6.06	12.12	18.18	24.24	30.3	36.36	42.42	48.48	54.54
	烟气量		6.55	12.61	18.67	24.73	30.99	36.85	42.91	48.97	55.03
25080kJ/kg (6000kgα/kg)	空气量	Nm³/kg	6.56	13.12	19.68	26.24	32.8	39.36	45.92	52.48	59.04
	烟气量		6.99	13.55	20.11	26.67	33.23	39.79	46.34	52.91	59.47
27170kJ/kg (6500kgα/kg)	空气量	Nm³/kg	7.07	14.14	21.21	28.28	35.35	42.42	49.49	56.56	63.63
	烟气量		7.44	14.51	21.58	28.65	35.72	42.79	49.86	56.93	64
29260kJ/kg (7000kgα/kg)	空气量	Nm³/kg	7.57	15.14	22.71	30.28	37.85	45.42	52.99	60.56	68.13
	烟气量		7.88	15.45	23.02	30.59	38.61	45.73	53.3	60.87	68.44

在一般情况下，较大的过剩空气系数有利于提高窑炉的烧成速度。但过大的过剩空气系数又会：①降低窑炉内温度；②如果烟气中含有污染物，过度稀释给其净化工作增加了难度。

过剩空气系数可以由测得的烟气成分计算求得：

完全燃烧时：$\alpha = \dfrac{21}{21 - 79 \dfrac{V_{O_2}}{V_{N_2}}}$

不完全燃烧时：$\alpha = \dfrac{21}{21 - 79 \left(\dfrac{V_{O_2} - 0.5 V_{CO}}{V_{N_2}} \right)}$

式中　V_{O_2}、V_{N_2}、V_{CO}——烟气中 O_2、N_2、CO 的体积百分含量（%）。

过剩空气系数也可查表 2-43 获得。

过剩空气系数与烟气含氧量的关系　　　　表 2-43

过剩空气系数 α	1	2	3	3.5	4	4.5
烟气含氧量（%）	0	10.5	14	15	15.75	16.33
过剩空气系数 α	5	5.5	6	6.5	7	7.5
烟气含氧量%	16.8	17.18	17.5	17.77	18	18.2
过剩空气系数 α	8	8.5	9	9.5	10	10.5
烟气含氧量（%）	18.38	18.53	18.76	18.79	18.9	19
过剩空气系数 α	11	11.5	12	12.5	13	13.5
烟气含氧量（%）	19.09	19.17	19.25	19.32	19.38	19.44
过剩空气系数 α	14	14.5	15	16	17	18
烟气含氧量（%）	19.5	19.55	19.6	19.69	19.76	19.83
过剩空气系数 α	19	20	21	22	23	24

烟气含氧量（%）	19.89	19.95	20	20.05	20.09	20.13
过剩空气系数 α	25	26	27	28	29	30
烟气含氧量（%）	20.16	20.19	20.22	20.25	20.28	20.3
过剩空气系数 α	31	32	33	34	35	36
烟气含氧量（%）	20.32	20.34	20.36	20.38	20.4	20.42

（三）燃料燃烧反应的热效应

燃料燃烧反应的热效应如表 2-44 所示。

燃料燃烧反应的热效应 表 2-44

反应式	反应前的物质状态	反应热量（kcal）		生成 1Nm³ 燃烧生成物
		按反应前物质计算		
		1kg	1Nm³	
$C+O_2=CO_2$	固	8132	—	4359
$C+0.5O_2=CO$	固	2498	—	1338
$CO+0.5O_2=CO_2$	气	2417	3021	3021
$S+O_2=SO_2$	固	2216	—	3166
$H_2+0.5O_2=H_2O$（液）	气	34180	5052	—
$H_2+0.5O_2=H_2O$（气）		28640	2576	2581
$H_2S+1.5O_2=SO_2+H_2O$（液）	气	3956	6005	—
$H_2S+1.5O_2=SO_2+H_2O$（气）		3646	5534	2767
$C_2H_4+2O_2=CO_2+2H_2O$（液）	气	13344	9531	—
$C_2H_4+2O_2=CO_2+2H_2O$（气）		12025	8589	2863
$C_2H_4+3O_2=2CO_2+2H_2O$（液）	气	12182	15228	—
$C_2H_4+3O_2=2CO_2+2H_2O$（气）		11429	14286	3572
$C_2H_6+3.5O_2=2CO_2+3H_2O$（液）	气	12410	16620	—
$C_2H_6+3.5O_2=2CO_2+3H_2O$（气）		11355	15208	3042
$C_3H_6+4.5O_2=3CO_2+3H_2O$（液）	液	11671	—	—
$C_3H_6+4.5O_2=3CO_2+3H_2O$（气）		10918	—	3412
$C_3H_6+4.5O_2=3CO_2+3H_2O$（液）	气	11829	22178	—
$C_3H_6+4.5O_2=3CO_2+3H_2O$（气）		11075	20765	3461
$C_3H_8+5O_2=3CO_2+4H_2O$（液）	气	11961	23495	—
$C_3H_8+5O_2=3CO_2+4H_2O$（气）		11023	21612	3089
$C_4H_{10}+6.5O_2=4CO_2+5H_2O$（液）	气	11783	30589	—
$C_4H_{10}+6.5O_2=4CO_2+5H_2O$（气）		10873	28154	3128

第三章 烧结砖瓦隧道窑的热工测量与热平衡

对烧结砖瓦隧道窑来说，节省燃料和降低每块制品的热耗，具有重要的意义。对隧道窑进行热工测量和热平衡计算，正是为了研究、分析窑炉的热效率以及找出形成燃料消耗高或低的原因，以便设法消除那些不利于提高窑炉热效率的因素，为对窑炉结构及操作制度的改进，设法提高窑炉的热效率，从而降低燃料消耗，提供分析、判断的依据。

窑炉热平衡是在物料平衡基础上对热量的收支作平衡。因此，在进行热工测量和热平衡计算时，首先应确定计算基准与热平衡范围，并要求热工测量前与测量过程中，保持生产过程的稳定，以保证热工测量工作的正常进行。

隧道窑的热平衡计算常以0℃为温度基准，以产品的单位质量（t）作为物料和热量衡算的基准。

热平衡体系（范围）的取法，是以热工测量的目的和要求来确定。对烧结砖瓦隧道窑来讲，常取全窑热平衡，即包括干燥、预热、烧成和冷却各带作热平衡。

进行热工测量和热平衡的先决条件是要求生产工艺过程的稳定。如燃料煤的品种及用量（包括内燃和外燃）、坯体性质和质量以及水分含量、码坯方式与焙烧制度等，均应保持相对稳定，以使整个测定过程处在正常生产条件下，从而保证热工测量的进行。只有这样，热平衡工作才具有一定的代表性，所测结果才能为改进窑炉结构与操作条件，不断提高窑炉热效率和降低燃料消耗提供有力依据。

第一节 热平衡测定项目及测定前的准备工作

1）热平衡测定项目有：

（1）温度测定（包括预热、烧成、冷却各带温度和废气温度）；

（2）湿度测定（包括预热带水汽凝露情况和砖坯脱水速度）；

（3）压力测定（包括预热、烧成、冷却各带压力和排烟设备抽力）；

（4）流速和流量测定（包括总烟道、预热带和烧成带的气体流速和流量）；

（5）烟气分析（包括总烟道、烧成带前后端烟气以及过剩空气系数计算）；

（6）热平衡测定（包括全窑热平衡和各带热平衡）。

2）热平衡测定前应做好的准备工作有：

（1）画出物料平衡框图和热平衡框图。

（2）按照物料平衡框图和热平衡框图，依次列出测定项目、测定方法和使用的仪器，制定测试方案。

（3）测试前的准备工作：

① 收集有关的数据和资料，包括：a. 窑炉的结构、流程及主要尺寸；b. 焙烧制品的名称、规格及生产能力；c. 原料及坯体的分析数据；d. 燃料的有关性能；e. 通风设备等的型号与规格；f. 窑炉的热工制度、烧成周期；g. 窑内断面温差情况及产品烧成中存在的问题；h. 运转时间及窑的历史和现状等。

② 测试工作的组织，包括分组、定岗位，使每个参加测试的成员明确自己的任务，使生产指挥系统和窑炉操作人员明确测试的意义和如何配合等。

③ 制定每个岗位的记录表格和数据汇总表格；在窑上表明测点；在流量的测点处要预先实测管道流通断面尺寸；计算测点位置并在毕托管上做好记号。在记录表格上记录测定开始与结束时间，测试期间内的气温、相对湿度、大气压力等环境状态参数，并有测试人员签字栏。

④ 所有仪表应预先检验校正；气体分析器应灌药并作严密性试验；准备好有关的取样工具（包括化验样品纸袋及其编号方法的规定）。

为了帮助分析窑炉存在的问题，有些辅助测定项目也应纳入计划内。属于这方面的项目应根据实际情况确定。

第二节　隧道窑热平衡、热效率计算

根据《砖瓦工业隧道窑热平衡、热效率-测定与计算方法》JC/T 428—2007 的规定，计算方法如下：

1. 绘出热平衡示意图（图 3-1）

2. 热平衡的计算方法

1）热量收入

（1）内燃料的燃烧反应热

$$Q_n = Q_{nbw}^g \cdot m_n^g$$

式中　Q_n——单位质量（t）产品内燃料的燃烧反应热（kJ）；

Q_{nbw}^g——内燃料干燥基低位发热量（kJ/kg）；

m_n^g——单位质量（t）产品内燃料（干燥基）掺配量（kg）。

（2）外燃料的燃烧反应热

$$Q_w = Q_{wbw}^y \cdot m_w^y$$

式中 Q_w——单位质量（t）产品外燃料的燃烧反应热（kJ）；

Q_{wbw}^y——外燃料应用基低位发热量（kJ/kg）；

m_w^y——单位质量（t）产品外燃料应用基消耗量（kg）。

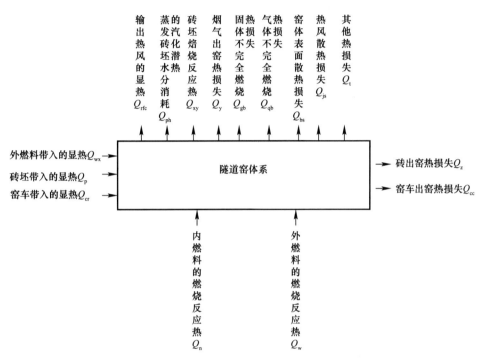

图 3-1　热平衡示意图

（3）外燃料带入的显热

$$Q_{wx} = m_w^y \left[\frac{(100 - W_w^y)C_w + 4.18W_w^y}{100} \right] (t_w - t_p)$$

式中 Q_{wx}——单位质量（t）产品外燃料带入的显热（kJ）；

m_w^y——单位质量（t）产品外燃料应用基消耗量（kg）；

W_w^y——外燃料应用基含水率（%）；

C_w——外燃料的比热容［kJ/(kg·℃)］；

t_w——外燃料的平均温度（℃）；

t_p——环境温度（℃）。

（4）砖坯带入的显热

$$Q_p = \left[\left(m_p \frac{100 - W_p}{100} - m_n^g \right) C_{p1} + 0.0418 m_p \cdot W_p + m_n^g \cdot C_n \right] (t_p - t_o)$$

式中 Q_p——单位质量（t）产品的砖坯带入的显热（kJ）；

m_p——单位质量（t）产品的砖坯的质量（kg）；

m_n^g——单位质量（t）产品内燃料（干燥基）掺配量（kg）；

t_p——砖坯入窑时的平均温度（℃）；

W_p——砖坯的残余含水率（%）；

t_o——环境温度（℃）；

C_{pl}——砖坯内原料的比热容 [kJ/(kg·℃)]，按下式计算：

$$C_{pl}=0.807+313.6\times10^6t_p$$

C_n——内燃料的比热容 [kJ/(kg·℃)]。

（5）窑车带入的显热

$$Q_{cr}=\frac{1}{B}[m_j\cdot C_j(t_y-t_o)+\sum m_f\cdot C_f(t_{fr}-t_o)]$$

式中　Q_{cr}——相应于单位质量（t）产品的窑车带入的显热（kJ）；

B——以单位质量（t）产品为计量单位的每辆窑车装载量；

m_j——一辆窑车中金属材料的质量（kg）；

C_j——窑车金属材料的比热容 [kJ/(kg·℃)]；

t_y——窑车入窑时金属材料的温度（℃）；

t_o——环境温度（℃）；

m_f——一辆窑车中非金属耐火材料的质量（kg）；

C_f——窑车非金属耐火材料的比热容 [kJ/(kg·℃)]；

t_{fr}——窑车入窑时非金属耐火材料的温度（℃）。

（6）总收入热量

$$Q_{zs}=Q_n+Q_w+Q_{wx}+Q_p+Q_{cr}$$

式中　Q_{zs}——烧成单位质量（t）产品总收入热量（kJ）。

2）热量支出

（1）蒸发砖坯水分消耗的汽化潜热

$$Q_{ph}=\frac{1}{100}r\cdot m_p\cdot W_p$$

式中　Q_{ph}——烧成单位质量（t）产品砖坯水分消耗的汽化潜热（kJ）；

r——水在入窑砖坯平均温度下的汽化潜热（kJ/kg）；

m_p——单位质量（t）产品砖坯的质量（kg）；

W_p——砖坯的残余含水率（%）。

（2）砖坯焙烧反应热

$$Q_{xy}=20.91m_{pl}\cdot m_{Al_2O_3}$$

$$Q_{xy}=20.91\left(m_p\frac{100-W_p}{100}-m_n^g\right)\cdot m_{Al_2O_3}$$

式中　Q_{xy}——单位质量（t）产品的焙烧反应热（kJ）；

m_{pl}——单位质量（t）产品砖坯中原料的质量（kg）；

m_p——单位质量（t）产品砖坯的质量（kg）；

W_p——砖坯的残余含水率（%）；

m_n^g——单位质量（t）产品内燃料（干燥基）掺配量（kg）；

$m_{Al_2O_3}$——砖坯原料中氧化铝的含量（%）。

（3）输出热风的显热

$$Q_{rfc} = \frac{1}{100A}\{V_{rf}[100-\varphi_{rf(H_2O)}] \cdot C'_{grf} + \varphi_{rf(H_2O)} \cdot C'_{H_2O}\} \cdot (t_{rf}-t_o)$$

式中　Q_{rfc}——相应于单位质量（t）产品输出热风的显热（kJ）；

A——以单位质量（t）产品为计量单位的窑小时产量（t）；

V_{rf}——输出热风的流量（Nm^3/h）；

$\varphi_{rf(H_2O)}$——热风中水蒸气的容积百分数（%）；

C'_{H_2O}——水蒸气的平均容积比热容［kJ/(Nm^3·℃)］；

t_o——环境温度（℃）；

t_{rf}——热风的平均温度（℃）；

C'_{grf}——干热风的平均容积比热容［kJ/(Nm^3·℃)］，按下式计算：

$$C'_{grf} = [\varphi_{grf(CO_2)} \cdot C'_{co_2} + \varphi_{grf(CO)} \cdot C'_{CO} + \varphi_{grf(N_2)} \cdot C'_{N_2} + \varphi_{grf(O_2)} \cdot C'_{O_2}]$$

式中　$\varphi_{grf(CO_2)}$、$\varphi_{grf(CO)}$、$\varphi_{grf(N_2)}$、$\varphi_{grf(O_2)}$——干热风中二氧化碳、一氧化碳、氮气、氧气的容积百分数（%）；

C'_{CO_2}、C'_{CO}、C'_{N_2}、C'_{O_2}——二氧化碳、一氧化碳、氮气、氧气的平均容积比热容［kJ/(Nm^3·℃)］。

（4）烟气出窑热损失

$$Q_y = \frac{1}{100A}\{V_y[100-\varphi_{y(H_2O)}] \cdot C'_{gy} + \varphi_{y(H_2O)} \cdot C'_{H_2O}\} \cdot (t_y-t_o)$$

式中　Q_y——相应于单位质量（t）产品排出烟气的显热（kJ）；

A——以单位质量（t）产品为计量单位的窑小时产量（t）；

V_y——出窑烟气的流量（Nm^3/h）；

$\varphi_{y(H_2O)}$——烟气中水蒸气的容积百分数（%）；

C'_{gy}——干烟气的平均容积比热容［kJ/(Nm^3·℃)］；

C'_{H_2O}——水蒸气的平均容积比热容［kJ/(Nm^3·℃)］；

t_y——烟气的平均温度（℃）；

t_o——环境温度（℃）。

（5）砖出窑热损失

$$Q_z = 1000 \cdot C_z \cdot (t_z-t_o)$$

式中　Q_z——单位质量（t）产品带出窑外的显热（kJ）；

C_z——砖的比热容［kJ/(kg·℃)］，按下式计算：

$$C_z = 0.807 + 313.6 \times 10^{-6}t$$

t_z——砖出窑时的平均温度（℃）；

t_o——环境温度（℃）。

（6）窑车出窑热损失

$$Q_{cc} = [m_j \cdot C_j \cdot (t_{jc} - t_o) + m_f \cdot C_f(t_{fc} - t_o)]$$

式中　Q_{cc}——相应于单位质量（t）产品窑车带出的显热（kJ）；

m_j——一辆窑车中金属材料的质量（kg）；

C_j——窑车金属材料的比热容［kJ/(kg·℃)］；

m_f——一辆窑车中非金属耐火材料的质量（kg）；

C_f——窑车非金属耐火材料的比热容［kJ/(kg·℃)］；

t_{jc}——窑车出窑时金属材料的温度（℃）；

t_{fc}——窑车出窑时非金属耐火材料的温度（℃）；

t_o——环境温度（℃）。

（7）固体不完全燃烧热损失

$$Q_{gb} = 338.71(m_{hz} \cdot C_{hz} + m_z \cdot C_{zy})$$

式中　Q_{gb}——相应于单位质量（t）产品的固体不完全燃烧热损失（kJ）；

m_{hz}——生产单位质量（t）产品产生的灰渣量（kg）；

C_{hz}——灰渣含碳率（%）；

m_z——单位质量（t）产品的质量（kg）；

C_{zy}——砖内残余含碳率（%）。

（8）气体不完全燃烧热损失

$$Q_{qb} = V_y[100 - \varphi_{y(H_2O)}] \cdot \varphi_{gy(CO)} + V_{rf}[100 - \varphi_{rf(H_2O)}] \cdot \varphi_{grf(CO)}$$

式中　Q_{qb}——相当于单位质量（t）产品的气体不完全燃烧热损失（kJ）；

V_y——出窑烟气的流量（Nm³/h）；

V_{rf}——输出热风的流量（Nm³/h）；

$\varphi_{y(H_2O)}$——烟气中水蒸气的容积百分数（%）；

$\varphi_{gy(CO)}$——干烟气中一氧化碳的容积百分数（%）；

$\varphi_{rf(H_2O)}$——热风中水蒸气的容积百分数（%）；

$\varphi_{grf(CO)}$——热风中一氧化碳的容积百分数（%）。

（9）窑体表面散热损失

注：包括窑墙、窑顶和体系内风道的外露表面以及需要测定车底散热时窑车的底平面。

$$Q_{bs} = \frac{F_b}{A \cdot n} \sum_{i=1}^{n} q_{bsi}$$

式中　Q_{bs}——相应于单位质量（t）产品的窑体表面散热损失（kJ）；

A——以单位质量（t）产品为计量单位的窑小时产量（t）；

n——测定次数；

F_b——窑体总表面积（m^2）；

q_{bsi}——第 i 次测得的窑体表面平均散热流量 $[kJ/(m^2 \cdot h)]$。

（10）送排风机散热损失

$$Q_{js} = \frac{F_{js}}{A \cdot n} \sum_{i=1}^{n} q_{jsi}$$

式中　Q_{js}——相应于单位质量（t）产品的风机散热损失（kJ）；

A——以单位质量（t）产品为计量单位的窑小时产量（t）；

n——测定次数；

F_{js}——风机散热面积（m^2）；

q_{jsi}——第 i 次测得的风机表面平均散热流量 $[kJ/(m^2 \cdot h)]$。

（11）其他热损失

$$Q_t = Q_{zs} - (Q_{ph} + Q_{xy} + Q_{rfc} + Q_y + Q_z + Q_{cc} + Q_{gb} + Q_{qb} + Q_{bs} + Q_{js})$$

式中　Q_t——烧成单位质量（t）产品的其他热损失（kJ）。

（12）总支出热量

$$Q_{zz} = Q_{ph} + Q_{xy} + Q_{rfc} + Q_y + Q_z + Q_{cc} + Q_{gb} + Q_{qb} + Q_{bs} + Q_{js} + Q_t$$

3. **热效率计算方法**

1）供给热量

$$Q_{gg} = Q_n + Q_w$$

式中　Q_{gg}——烧成单位质量（t）产品供给隧道窑的热量（kJ）；

Q_n——单位质量（t）产品内燃料的燃烧反应热（kJ）；

Q_w——单位质量（t）产品外燃料的燃烧反应热（kJ）。

2）有效热量

$$Q_{yx} = Q_{ph} + Q_{xy}$$

式中　Q_{yx}——烧成单位质量（t）产品消耗的有效热量（kJ）；

Q_{ph}——烧成单位质量（t）产品砖坯水分消耗的汽化潜热（kJ），按下式计算：

$$Q_{ph} = m_p W_p \cdot [r + C_{ph} \cdot (t_y - t_p)]$$

式中　m_p——单位质量（t）产品砖坯的质量（kg）；

W_p——砖坯的残余含水率（%）；

r——水在入窑砖坯平均温度下的汽化潜热（kJ/kg）；

C_{ph}——按砖坯温度和烟气温度的平均值确定的水蒸气质量比热容 $[kJ/(kg \cdot ℃)]$；

t_y——窑车入窑时金属材料的温度（℃）；

t_p——砖坯入窑时的平均温度（℃）。

3）热效率

$$\eta = \frac{Q_{xy}}{Q_{gg}} \times 100\%$$

4. 热平衡、热效率计算汇总

热平衡、热效率计算结果汇总如表 3-1 所示。

热平衡、热效率计算结果汇总 表 3-1

序号	热量收入				热量支出			
	项目	数值		百分数	项目	数值		百分数
		10^4kJ	10^4kcal	%		10^4kJ	10^4kcal	%
1	内燃料的燃烧反应热 Q_n				蒸发砖坯水分消耗的汽化潜热 Q_{ph}			
2	外燃料的燃烧反应热 Q_w				砖坯焙烧反应热 Q_{xy}			
3	外燃料带入的显热 Q_{wx}				输出热风的显热 Q_{rfc}			
4	砖坯带入的显热 Q_p				烟气出窑热损失 Q_y			
5	窑车带入的显热 Q_{cr}				砖出窑热损失 Q_z			
6					窑车出窑热损失 Q_{cc}			
7					气体不完全燃烧热损失 Q_{qb}			
8					固体不完全燃烧热损失 Q_{gb}			
9					窑体表面热损失 Q_{bs}			
10					送排风机散热损失 Q_{js}			
11					其他热损失 Q_t			
12	合计			100				100
	有效热量 Q_{yx}，10^4kJ（10^4kcal）				（ ）			
	热效率 η（%）							

注：上述各项收支热量均以产品的单位质量（t）为计算基数。

第三节　隧道窑—干燥室热平衡、热效率计算

根据《砖瓦工业隧道窑—干燥室体系热效率、单位热耗、单位煤耗计算方法》JC/T 429—2019 的规定，计算方法如下。

1. 绘出热平衡示意图（图 3-2）

2. 计算

1）体系热效率

$$\eta_{tx} = \frac{Q_{yx1} + Q_{yx2}}{Q_{gg1} + Q_{gg2} - Q_{rfc}}$$

或：

$$\eta_{tx} = \frac{Q_{ps1} + Q_{ps2} + Q_{xy}}{Q_{spr} + Q_{rfr} + Q_{tr} + Q_n + Q_w - Q_{rfc}}$$

注：只有用外热源加热泥料致砖坯温度提高时，此项才成立。

式中　η_{tx}——体系效率（%）；

Q_{yx1}、Q_{yx2}——分别表示干燥室和隧道窑干燥与焙烧单位产品（t）消耗的有效热量（kJ）；

Q_{gg1}、Q_{gg2}——分别表示干燥室和隧道窑干燥与焙烧单位产品（t）需要供给的热量（kJ）；

Q_{rfc}——相应于单位产品（t）的隧道窑抽出热风的显热（kJ）；

Q_{ps1}、Q_{ps2}——分别表示干燥室和隧道窑中相应单位产品（t）的砖坯排除水分消耗的热量（kJ）；

Q_{xy}——相应于单位产品（t）的砖坯的焙烧反应吸热（kJ）；

Q_{spr}——湿坯带入的显热（kJ）；

Q_{rfr}——相应于单位产品（t）的砖坯输入干燥室热风的显热（kJ）；

Q_{tr}——相应于单位产品（t）的砖坯由其他热源输入干燥室的热量（kJ）；

Q_{n}——相应于单位产品（t）的砖坯内掺燃料的燃烧反应热（kJ）；

Q_{w}——单位产品（t）所消耗外燃料的燃烧反应热（kJ）。

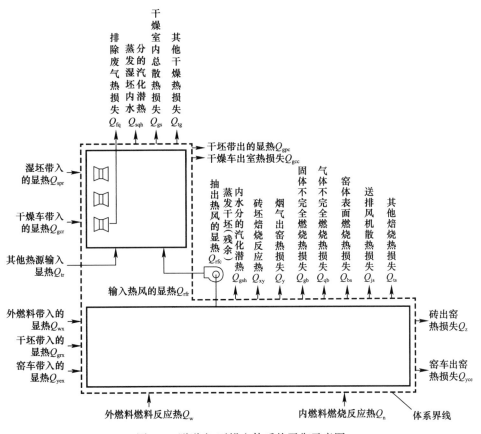

图 3-2　隧道窑-干燥室体系热平衡示意图

2）单位体系热耗

$$Q_{tx}=\left(\frac{Q_{gg1}}{100-R_{gf}}+\frac{Q_{gg2}-Q_{rfc}}{100-R_{sf}}\right)\times 100\%$$

$$Q_{tx}=\left(\frac{Q_{rfr}+Q_{tr}}{100-R_{gf}}+\frac{Q_w+Q_n-Q_{rfc}}{100-R_{sf}}\right)\times100\%$$

式中　Q_{tx}——体系单位产品（t）热耗（kJ）；

　　　R_{gf}——干燥废品率（%）；

　　　R_{sf}——焙烧废品率（%）。

3）单位体系煤耗

$$M_{txm}=\frac{100(m_{rim}+m_{wim})}{100-R_{sf}}+\frac{Q_{tr}}{2.927(100-R_{gf})(100-R_{sf})}$$

式中　M_{txm}——体系单位产品（t）煤耗（kg）（标煤）；

　　　m_{rim}——相应于单位产品（t）的砖坯内掺原煤干基量（kg）（标煤）；

　　　m_{wim}——相应于单位产品（t）的砖坯焙烧时消耗外燃原煤干基量（kg）（标煤）。

3. 计算结果与表示

计算结果记入表 3-2 中。

热效率、单位热耗、单位煤耗计算结果　　　　表3-2

企业名称			
产品名称及规格型号			
与普通砖的体积折算比例			
计算项目	单位	计算结果	备注
体系热效率（%）	—		
体系单位产品（t）热效	10^4kJ/t		
体系单位产品（t）煤耗	kg/t（标煤）		
单位产品（t）的数量	万块		
按数量（万块）计算时体系单位热耗	10^4kJ/万块		
按数量（万块）计算时体系单位煤耗	Nkg/万块		

第四节　隧道窑热平衡、热效率实例

砖瓦窑炉的热平衡是对其输入能量和输出能量之间的平衡关系进行考察。热平衡的主要理论基础是能量守恒定律。通过测试、统计、计算等手段，用热平衡的各项技术指标来分析和掌握窑炉的耗能状况及用能水平，从而找出能源利用中存在的问题、浪费的原因，为加强能源管理、改造高能耗窑炉、实现合理用能和节约用能提供科学依据。

窑炉的热效率是焙烧砖瓦的理论热耗与实际热耗的比值。它表示窑炉的热利用程度。主要决定于焙烧制度、窑炉的类型及其结构、制品规格，以及其所用的原材料、燃料种类和质量、操作管理等。

例 3-1：原北京市窦店砖厂一条龙一次码烧隧道窑，内宽 1.76m，窑车面至窑内拱高 0.88m，长 95.15m。长度分配：干燥带 36.85m，21 个车位；闸板房 1.75m，1 个车位；预热带 13m，7.5 个车位；焙烧带 24.5m，14 个车位；冷却带 18.4m，10.5 个车位。窑车 1.75m×1.86m，每条窑容 54 辆窑车，共计 14 条窑。其热平衡如表 3-3 所示。

隧道窑热平衡 表 3-3

热量收入				热量支出			
序号	项目	kJ/万块	%	序号	项目	kJ/万块	%
1	内燃料的燃烧热	43021316	72.38	1	坯体内残余水分蒸发耗热	13361140	22.48
2	外燃料的燃烧热	9256727	15.58	2	坯体内逸出水分加热至烟气离窑温度耗热	368341.6	0.62
3	外燃料的显热	27533.66	0.05	3	烧成时坯体化学反应耗热	7165318.3	12.06
4	空气入窑带入热	1965904.1	3.31	4	出窑砖带走热	10278511	17.29
5	砖坯入窑带入热	1817384.5	3.05	5	窑车出窑带走热	8756351.7	14.73
6	窑车入窑带入热	3343335.3	5.63	6	灰渣带走热	36579.18	0.06
				7	机械不完全燃烧热损失	975361.2	1.64
				8	烟气带走热	7447911.4	12.53
				9	闸板房盖板散热	158004	0.27
				10	窑底冷却风带走热	317471	0.53
				11	窑体散热	4775378.2	8.04
					其中包括：		
					（1）窑顶散热	2628087.2	4.42
					（2）窑室隔墙顶散热	1928831.7	3.25
					（3）侧、端墙散热	48412.76	0.08
					（4）火眼盖散热	170046.58	0.29
				12	火眼投煤溢热	3979.36	0.01
				13	风机散热	186277.52	0.31
				14	其他热损失	5601576.2	9.43
	合计	59432198	100		合计	59432198	100

在热量支出中，序号 1、2、3 为有效热量，其热效率为：22.48%＋0.62%＋12.06%＝35.16%。

第四章 燃 烧 装 置

隧道窑的燃烧装置主要包括烧煤、煤气烧嘴和重油烧嘴。这是隧道窑烧成带的一个重要组成部分。燃料燃烧的好坏，能否烧到所需要的温度和满足制品烧成制度的要求，以及散热、燃料消耗和操作条件等，都直接与烧嘴等燃烧装置的选择有关。所以，在选择烧嘴等燃烧装置的时候，要考虑到焙烧砖瓦隧道窑的特点：①烧成温度不太高，但要求温度均匀；②窑是连续生产的，工作较稳定；③和其他行业隧道窑相比，焙烧砖瓦的隧道窑横断面面积较大，又较长。因此，对燃烧装置的要求是工作稳定，要有足够的燃烧能力，与助燃空气混合好，散热要少，热效率高，构造简单，操作方便，连续使用的时间长。

第一节 燃 煤 装 置

一、燃煤的方法

1. 全内燃

即在原料制备时，根据计算要求，由皮带电子秤准确加入足量的煤等固体燃料，这些固体燃料既是燃料又是原料。不再向窑内外投煤。

所谓皮带电子秤是指装于皮带喂料机和长皮带输送机上的电子计量秤。用于按煤质量自动连续配料和输送原料量的自动连续计量。称重部分主要由荷重和测速传感器、电子放大器、显示仪表及比例计算器等组成。皮带机上连续通过的原料量，经荷重传感器变换为电信号，表示单位皮带长度上的原料质量 q（kg/m）。同时，用速度传感器将皮带速度 V（m/s）变换为电信号，该信号输入电子放大器相乘，得到瞬时原料量 $Q = qv$（kg/s），用显示仪表指示记录。再用比例计算器进行累计，得到单位时间内通过皮带机的原料总质量（t/h）。在长皮带输送机电子秤上，采用速度传感器作为电力系统网频波动或皮带打滑的速度反馈补偿。在短皮带喂料电子秤上可不用速度传感器，但为了补偿因网频波动引起的速度变动，也可采用频率/电压转换器于速度反馈补偿环节，以提高计量精度。电子皮带秤结构简单，运转可靠，计量精度可达 1% 以上，以便于集中管理和自动控制，已广泛应用于砖瓦厂的原料和内燃料的配料。

使用皮带电子秤自动配内燃系统注意事项：

（1）对内燃料准确化验，为所配内燃料提供比较准确的发热量。

（2）原料给料机及皮带电子秤、内燃料给料机及皮带电子秤、混合料受料胶带输送机应连锁启动和停止。

（3）配料电脑控制系统应能自动调节。

（4）准确测定原料和内燃料的含水率，尽量减少配料误差。

（5）保持配料系统的环境卫生，减少粉尘对准确配料的影响。

2. 部分内燃和部分外燃相结合

即在原料制备时，加入一部分煤等有发热量的固体燃料，不足部分由外燃料补充。

3. 全外燃

即全部固体燃料由窑外投入窑内。有两种做法：人工投煤和机械喷煤粉。

人工投煤是由设在窑顶部的若干个带活动盖的投煤孔投入。这种做法窑温不易稳定，劳动强度大，劳动条件差，燃烧不易完全，热耗多。但是由于采用的设备简单，投资少，所以在烧结砖瓦隧道窑上较普遍采用，有待改进。

机械喷煤粉是由设在窑的两侧墙和窑顶的几台喷煤粉机将煤粉喷入窑内。因无人为因素，故窑温易稳定。又由于喷入窑内的煤粉颗粒度小，且在空中燃烧，故易完全燃烧。但应防止燃烧后的颗粒物污染环境。

二、固体燃料的燃烧过程

固体燃料的燃烧是一个复杂的物理化学过程。它是化学动力学、气体动力学、传热、传质过程的综合。

煤的燃烧过程可分为准备、燃烧和燃尽三个阶段。

1. 准备阶段

准备阶段包括煤的干燥、预热、挥发分逸出和焦炭形成。

刚被送入窑内的煤，强烈受热升温。当温度达到$100℃$以上时，水分迅速汽化，直至完全干燥。随着温度继续上升，挥发分开始逸出，最终形成焦炭。

在这一阶段，煤的干燥、预热、逸出挥发分都是吸热过程，其热量来源于窑内的烟气、灼热的火焰、窑墙及邻近已燃着的煤。一般都希望这个阶段所需的时间越短越好，而影响它的主要因素除煤的性质和含水率外，还有窑内温度和窑的结构。

2. 燃烧阶段

燃烧阶段包括挥发分的燃烧和固定碳的燃烧。

挥发分是由碳氢化合物、氢、一氧化碳等组成的气态物质，比焦炭容易着火，因此逸出的挥发分达到一定温度和浓度时，它就先于固定碳着火燃烧。通常把挥发分着火燃烧的温度粗略地看作煤的着火温度。挥发分多的煤着火温度低，反之，挥发分少的煤着火温度高。

固定碳是煤中的主要可燃成分，是煤燃烧放出热量的主要来源，由于碳的燃烧属于多相燃烧反应，燃烧所需的时间长，且完全燃烧程度也较挥发分燃烧差，因此，如何保证固定碳的燃烧，是组织燃烧过程的关键。

在这一阶段，要保证较高的温度条件，供给足够的空气，并要使燃料和空气很好地混合。

3. 燃尽阶段

焦炭即将燃尽时，燃料中的矿物杂质及低熔点物所形成的灰渣将包围其表面，使空气很难掺入里面参加燃烧，从而使燃烧速度下降，尤其是高灰分燃料就更难燃尽。此阶段的放热量大，所以空气量很少，但仍需保持较高温度，并给予一定的时间，尽量使灰渣中的可燃物质充分燃烧。

第二节　燃　气　装　置

烧结砖瓦燃气隧道窑的燃烧方法，一般用烧嘴将煤气喷入窑内，坯垛与坯垛之间留有一定宽度的燃烧道。有侧烧式和顶烧式两种做法。根据热工制度需要决定烧嘴规格型号、数量及间距。

侧烧式：烧嘴一般布置在两侧窑墙的下部（靠近窑车顶面）。采用高速烧嘴不需专设燃烧室，只需在墙上留一混合室，由烧嘴喷出口经此道喷入窑内加热和焙烧制品，在坯垛和坯垛之间留有 250~300mm 宽的火道燃烧。

顶烧式：烧嘴设于窑顶，燃料和空气由窑顶从细股直接喷入窑内坯垛与坯垛之间的火道进行燃烧，这样做可以加宽窑内断面，以增加窑的容积，提高产量。

亦可采取侧烧式和顶烧式兼有之。

在窑炉中使用气体燃料（煤气）时，由于气体燃料能够与空气均匀混合，燃烧所需空气过剩系数小，因此可以达到较高的燃烧强度和完全燃烧程度。同时，燃烧操作简单，燃烧过程易于实现自动化。

煤气的燃烧过程基本上可以归纳为：①煤气与空气的混合；②将混合物加热到着火温度；③煤气中的可燃组分与空气中的氧发生激烈的化学反应进行燃烧。在上述过程中，煤气中的可燃组分与空气中的氧在高温下进行燃烧反应是非常快的，可以认为是在一瞬间完成的。将可燃物加热到着火温度，在燃烧室中也是比较快的。唯有煤气和空气混合过程是一种物理扩散过程，需要一定的时间，因此它是决定燃烧速度的主要因素。

根据煤气和空气的混合条件不同，煤气的燃烧方法和燃烧设备（烧嘴）基本上可以分为两大类：一类为煤气与空气预先不进行混合，或不进行充分混合，二者在燃烧空间内边混合边燃烧，此时燃烧速度受到混合速度的限制，燃烧缓慢且具有明显的火焰，这种燃烧方式称为"有焰燃烧"（扩散燃烧），所用烧嘴称为"有焰烧嘴"；另一类为煤气与空气在进入燃烧室之前已进行充分的混合，这种可燃混合物一旦遇到高温环境立即着火燃烧，速度极快，火焰很短甚至无火焰，这种燃烧方式称为无焰燃烧（动力燃烧），所用烧嘴为无焰烧嘴。

煤气与空气的混合就是两流股的混合。

一、有焰燃烧和有焰燃烧设备

采用有焰燃烧法，煤气在烧嘴内不与空气混合，喷出后靠扩散作用进行混合燃烧，在窑内形成具有一定形状和长度的火焰。由于煤气和空气事先未进行混合，煤气中的碳氢化合物在受热缺氧的情况下发生热分解而析出碳粒，碳粒尺寸很小（$0.01 \sim 0.15\,\mu m$），但它们的数量都非常大（每立方厘米为 $10^7 \sim 10^{10}$ 个），这些碳粒具有很强的辐射力，可以辐射可见光波，因此火焰不仅黑度大而且光辉可见，故称为有焰燃烧（亦称扩散燃烧）。此时燃烧产物与周围物体之间所进行的热交换属于火焰辐射，它比单纯的气体辐射具有更高的辐射力。

当煤气由单管烧嘴喷出后，靠扩散与空气进行混合，当达到化学反应所需要的比例时（$\alpha = 1$）立即燃烧，形成极薄的火焰层即前焰面，由于沿流动方向的煤气逐渐消耗于燃烧，所以前焰面逐渐移向中心，最后达到中心线，形成锥形火焰。由锥顶至喷口的距离就是火焰长度。

根据煤气出口的流速不同，有焰燃烧又可分为层流燃烧和湍流燃烧两种类型。

层流燃烧：煤气喷出速度低，燃烧速度取决于层流中的分子扩散速度。由于扩散速度小，故燃烧速度慢，火焰长。

湍流燃烧：煤气喷出速度高，喷出气流呈湍流状态，燃烧速度取决于湍流中的扩散速度。由于扩散速度增大，故燃烧速度也随之增大。

采用有焰燃烧法，由于获得的火焰长，使窑内温度分布较为均匀；火焰黑度大，故火焰辐射力大；煤气和空气分别送入窑内，预热温度不受限制；烧嘴结构简单，对煤气压力及净化程度均无特殊要求。

但有焰燃烧法燃烧空间的热强度低（热强度即每立方米窑内空间每小时发出的热量 $[kJ/(m^2 \cdot h)]$），燃烧不完全，且由于采用了较大的空气过剩系数，降低了燃烧温度。

当煤气与一部分空气事先进行混合（这部分空气称为一次空气）至燃烧空间后再进一步与另一部分空气一并燃烧（另一部分空气称为二次空气），此时获得的火焰长度较事先完全不混合时获得的火焰长度较短，通常称为短焰燃烧。当采用短焰燃烧时，借助于调节一、二次空气的比例，可以在一定范围内调节火焰的长度。

短焰燃烧的火焰又分为内焰和外焰。内焰的长度与气流喷出速度有关，随气流喷出速度的增加，内焰长度增加。同时，内焰长度还与一次空气量有关，随着一次空气量的减少内焰加长，当一次空气量为零时内焰消失（与外焰重合），此时即为长焰燃烧；随着一次空气量的增加内焰变短，当一次空气量为煤气燃烧所需的理论空气量时，即为无焰燃烧。

有焰烧嘴的结构形式、煤气和空气的送入方式等都直接影响火焰的性质。当煤气、空气单独送入燃烧空间时，获得的火焰最长；当煤气、空气按两流股同心喷入时，燃烧情况得到改善，火焰缩短；当在空气管道内安装旋流装置时，能使煤气、空气的混合过程进一步改善，火焰缩短；收缩出口断面，增加煤气、空气的相对速度，同时二者呈一定角度时，燃烧更完全，火焰进一步缩短。若煤气、空气在烧嘴内进行部分混合，则可以获得更完全的燃烧和更短的火焰。

常用的有焰烧嘴如下。

1. 单管式煤气烧嘴

隧道窑采用单管式烧嘴时，煤气通过烧嘴送入砌在窑墙上的燃烧室，热空气由隧道窑冷却带经高压喷射装置通过窑墙送入燃烧室，二者在燃烧室进行部分混合即送入窑内，边混合边燃烧。这类烧嘴获得的火焰长，温度均匀，煤气和空气都可以预热到较高的温度，其中煤气可达 450～500℃，此类烧嘴对煤气压力要求不高，一般为 50～200Pa。由于煤气喷出后才与空气混合燃烧，不致发生回火现象，所以喷出煤气的流速只需克服窑内反压，满足热工制度对火焰的要求即可。

2. 套管式烧嘴

这种烧嘴结构简单，煤气燃烧时所得火焰较长，不易发生回火，它要求煤气和空气压力都不高，通常采用的压力为 800～1500Pa。

套管式烧嘴标准系列分为四组：第一组用于热值 4000～6000kJ/m³（955～1433kcal/m³）的煤气，第二组用于热值 6000～9000kJ/m³（1433～2150kcal/m³）的煤气，第三组用于焦炉煤气，第四组用于天然气。

3. 涡流式烧嘴

该烧嘴结构简单，其特点是在空气通路上安装涡流叶片，使空气旋转，加强空气和煤气的混合，在较小的空气过剩系数条件下也能保证完全燃烧。

涡流叶片的角度对空气、煤气的混合及火焰长度有显著的影响，叶片的角度越大，混合越好，火焰越短，但角度大，空气阻力也大。

这种烧嘴要求煤气和空气压力都不高，标准设计时烧嘴前煤气压力为 800Pa，烧嘴前空气压力为 2000Pa。

涡流式烧嘴只适用于要求火焰较短的小型窑炉，可使用混合煤气、净化的发生炉煤气、焦炉煤气等。

二、无焰燃烧与无焰燃烧设备

无焰燃烧是将煤气和空气预先混合均匀的可燃混合物，送入燃烧室中进行燃烧。由于煤气和空气预先混合均匀，因此可以在较小的空间内快速进行燃烧，火焰很短且透明，无明显轮廓，同时由于在较小的空气过剩系数下达到完全燃烧，因此可以显著提高燃烧温度，并且有较高的热强度，但这种燃烧方式局部温度高，在大容积窑炉空间内温度分布不易均匀。

由于煤气和空气预先混合，当遇到高温热源时会迅速着火并进行燃烧，前焰面有可能会扩展到烧嘴内部发生回火现象。为了避免回火现象的发生，一方面，煤气、空气的预热温度受到限制，不能接近于燃料的着火温度；另一方面，在烧嘴设计和操作时，必须使可燃混合物的最小喷出速度大于火焰传播速度。

当可燃混合物的喷出速度过大时，又会造成脱火。为了防止脱火，必须采用稳定燃烧装置，一般用燃烧火道（烧嘴砖）和稳燃器作为稳定燃烧装置。这是由于燃烧火道或稳燃器的炽热表面辐射作用，使可燃混合物喷出后迅速接收热量达到着火温度。此外，高温循环气流加入刚喷出的混合物中，起到连续点火的作用。

为了使煤气和空气均匀混合，常采用喷射式无焰烧嘴。喷射式烧嘴一般是用煤气的喷射作用将空气带入混合管内，个别情况下也有用空气的喷射作用带动煤气的。采用喷射式烧嘴，煤气和空气流量自动成比例，而且空气是靠煤气的喷射作用吸入的，因此不需要风机输送。

采用喷射式烧嘴时，为了能起到喷射作用和可燃混合物具有一定的喷射速度，要求煤气具有较高的压力。煤气的热值越高，单位体积煤气所需带入的空气量越多，要求煤气压力也越高。

三、其他类型煤气燃烧设备

（一）高速烧嘴

高速烧嘴属于无焰或超短焰烧嘴。这种烧嘴的出现，促进了间歇式窑和连续式窑的重大改进。

高速烧嘴的工作原理：具有一定压力的煤气和空气混合后（也可以不混合）进入烧嘴内部的燃烧室中迅速点火燃烧，由于燃烧产物体积膨胀和燃烧室内气体压力的作用（约 2500Pa），在通过小端面口时会产生高速气流，一般为 100m/s 以上。为达到这样高的喷出速度，供给烧嘴的煤气和空气的压力必须保持在 2500Pa 以上。

高速烧嘴有预混式和非预混式两大类。非预混式高速烧嘴煤气和空气分别送入，在燃烧室进行混合、燃烧。为加快混合，可采取相应的强化混合措施，但混合质量仍不如预混式好，而且混合要占据一定的空间，使燃烧室热强度降低，完全燃烧程度也较差。预混式高速烧嘴，采用喷射器进行煤气和空气混合，由于混合质量好，燃烧室热强度高，并且可以在较小的空气过剩系数情况下达到完全燃烧。

在高速喷嘴中，煤气、空气或二者的混合物以高速喷入燃烧室空间，气流喷出速度远大于火焰传播速度。为了稳定燃烧，燃烧室结构可以做成坑道式，当混合气体进入燃烧室时立即燃烧，燃烧产物在突然扩大的燃烧室中流速降低，压力升高造成回流，以保证喷口附近可燃气体混合物着火燃烧。也可以设置由特殊耐火材料构成的板式稳燃器或电点火装置，以保证可燃混合物稳定燃烧。

高速烧嘴内燃烧室要承受很高的热负荷（约 $1.2 \times 10^5 \text{kW/m}^3$），因此选用的材料在耐高温、抗高温气流冲刷及隔热等方面都必须有良好的性能。

采用高速烧嘴最突出的优点是窑内温度分布均匀，这是由于喷出的高速气流带动窑内原有气流一起形成环流，使窑内气流始终受到强烈搅动，因而整个窑内温度分布非常均匀。同时，借助调节调温空气量，可以很方便地调节喷出气流的温度，因此可以很准确地控制窑内温度。

此外，由于窑内气流运动速度的提高，显著地增强了对流换热效果，从而提高了窑炉热效率，缩短了烧成时间，降低了燃料消耗。

高速烧嘴由于具有上述优点，因此在窑炉中以对流换热为主的阶段，可以发挥显著的效益。如在间歇式窑的低温阶段，当采用一般烧嘴时，为了避免窑内升温过快，往往需要少开烧嘴或烧嘴开启很小，这样造成窑内温度分布很不均匀。而采用高速烧嘴时，通过调节调温空气量来调节低温阶段温度，再加上气流的强烈循环，使整个窑内即使在低温阶段，温度分布也很均匀。隧道窑的预热带上下温差问题，也可采用高速烧嘴造成低温气流循环而消除。

采用这种烧嘴要注意防止燃烧火焰气流对制品的"冲刷"。因此，对着烧嘴的制品与制品之间要留有一定宽度的火道，并应确保烧嘴对准火道，只有这样，才能较充分地发挥高速烧嘴的效能。

总体来讲，高速烧嘴有如下特点：

（1）火焰射程长，在整个射程上温降小，有利于温度均匀。

（2）速度高使窑内烟气产生横向旋转，促使窑内气体的对流，从而提高对流传热效果，并进一步使窑内温度均匀。

（3）利用燃烧气体的高速喷出，可调节空气过剩量（或称二次空气量），使喷出的燃烧气体温度符合烧成曲线的要求，避免了一般烧嘴靠烧嘴处的制品过烧等弊病。

（4）由于烧嘴内燃烧室承受着非常高的热负荷，所以需要耐火度高、绝热性好和耐高温冲刷等性能的高级耐火材料。

（二）自身预热烧嘴

自身预热烧嘴又称换热式烧嘴，是把烧嘴、换热器、排烟系统有机地组合成一个整体。在烧嘴本体的上方安装了一个逆流式换热器，依靠喷射空气的抽力作用，将窑内的烟气吸引到围绕烧嘴的环缝及竖直的换热器中，经与空气进行热交换后排出。燃烧所需空气经换热器后可预热至350~500℃。经预热的空气和煤气混合燃烧，并以较高的速度喷入窑中，一般可达80m/s，这样可以促进窑内气体的再循环，从而改善传热过程，并具有较好的温度均匀性。

（三）平焰烧嘴

平焰烧嘴喷出的火焰为向四周展开的圆盘形，并紧贴在窑墙和窑顶的内表面，该烧嘴能将窑墙和窑顶内表面加热到很高的温度，具有很强的辐射能力，有利于制品均匀加热和强化窑内传热过程。

为了得到圆盘式的平面火焰，必须在烧嘴砖出口处形成平展气流，为此可以使空气经螺旋导向叶片从烧嘴处旋转，再经喇叭口形烧嘴砖喷出。旋转气流一方面由于产生较大的离心力使气流获得较大的径向速度，另一方面由于气流的附壁效应，使气流向窑壁表面靠拢，从而形成平展气流。煤气可以从轴向喷出，然后靠空气旋转产生的负压而吸引到平展气流中，与空气边混合边燃烧，形成平面火焰。

（四）低氮氧化物 NO_X 烧嘴

低氮氧化物 NO_X 烧嘴是为了适应环境保护、减少环境污染而发展起来的新型煤气烧嘴。

氮的氧化物 NO_X 一般包括 N_2O、NO、NO_2、N_2O_4 等，其中 NO 和 NO_2 对大气污染危害最大，对人体健康有严重影响。

煤气燃烧时空气中的少量氮与氧化合生成 NO，进一步氧化后生成 NO_2。煤气中的氮也会在燃烧时与空气中的氧化合生成 NO 和 NO_2。烟气中 NO 的生成与火焰温度有关，火焰温度越高，NO 的生成量越多。NO_X 的生成量与空气过剩系数有关，空气过剩系数小，混合气体的氮含量降低，NO_X 的生成量减少。此外，氮的氧化反应为可逆反应，高温气体缓慢冷却，NO_X 可重新分解成氮和氧。为此，可以用烟气的再循环，使部分烟气与新生成的燃烧产物混合，以降低火焰温度和氧气浓度，采用含氮量低的煤气作燃料，可以减少 NO_X 的生成量。

一种烟气再循环的低氮氧化物 NO_X 烧嘴是利用空气从环形喷嘴喷出时的喷射作用使一部分烟气回流到煤气烧嘴附近，与空气、煤气掺混在一起，防止生成局部高温，并可降低氧气浓度。

四、燃气注意事项

（一）清除窑车面尘土

因为装有高速烧嘴的隧道窑，窑内横向的风速很大，若窑车面上堆有尘土，一是尘土被吹起来会增加烟气含尘量，给烟气除尘净化增加难度；二是增加气流的运动阻力，降低了高速喷射的效果。

（二）清除回火故障

回火就是指火焰缩入烧嘴内燃烧，混合管发红，烧嘴声音出现异常。回火的主要原因和清除方法如表 4-1 所示。

回火的主要原因和消除方法　　　　　　　　　　　　　　表 4-1

故障	故障原因	消除方法
回火	喷头被烧坏	换新喷头
	烧嘴喷射能力降低，可燃混合物的喷出速度低于燃烧速度，前焰面发展至烧嘴内部	换新喷头，改进燃烧室结构，使喷头前形成回流区，以减缓燃烧速度
	燃气与一次空气配合比例发生变化	调节燃气压力，使烧嘴处于正常燃烧区
	低压涡流型短焰烧嘴的节流垫圈规格不合理	更换节流垫圈

（三）消除空气管道回火爆炸

空气管道发生回火爆炸的主要原因和消除方法如表 4-2 所示。

空气管道发生回火爆炸的主要原因和消除方法 　　　　　表 4-2

故障	故障原因	消除方法
空气管道回火爆炸	烧嘴在点火过程中，操作程序错误	使用连锁装置，防止误操作
	低压烧嘴在使用时没有开风机	使用连锁装置，防止误操作，打开风机
	空气总管压力低	安装空气总管压力过低自动保护装置

（四）消除脱火故障

脱火就是火焰离开烧嘴，在空中燃烧，燃烧很不稳定，容易出现熄火（猝熄）。脱火的主要原因和消除方法如表 4-3 所示。

脱火的主要原因和消除方法 　　　　　表 4-3

故障	故障原因	消除方法
脱火	可燃气体和空气混合物喷出速度大于燃烧速度，使前焰面向远离喷口方向移动；另外，可燃气体混合物被周围介质稀释，可燃气体的浓度被降低	适当关小空气阀门，使火焰恢复到正常位置
	一次空气过剩系数太大	轻轻开启燃气阀门进行调整
	刚点窑时，温度较低，燃烧速度慢	可燃气体和空气阀门不要开得太大，使其逐步升温

第三节　燃油装置

隧道窑烧重油，烧得好与不好，除外部条件（如油温、油压、雾化风压力和操作等）外，从窑本身来讲，关键在于燃油装置烧嘴的选择是否适合于焙烧砖瓦隧道窑的要求。

一、对重油烧嘴的要求

1）重油烧嘴的能力不要求很大，但要有一定的调节范围（调节比约为 3）。

2）重油烧嘴的雾化。

为使重油能迅速燃烧，要求烧嘴雾化要好，即重油雾滴小而均匀。因为燃烧时间的长短与雾化颗粒直径的平方成正比，也就是说油滴越小越有利于燃烧。要使油在窑内尽快完全燃烧，应尽量减少油的雾化粒度，否则不易燃烧完全，若析出油烟碳，燃烧就很慢，在燃烧空间不够的情况下，就会造成不完全燃烧。

（1）雾化原理及方法：将重油流股通过重油喷嘴破碎成细小颗粒的过程称为重油的雾化过程。油的雾化过程和一般物质的细碎过程一样，各种物质都有保持其表面状态不受破坏的内力，只有施加的外力超过其内力时，才能破坏其表面状态使物质细碎。保持油流股表面状态的内力是油的黏性力和表面张力，而油流股所受的外力可以是高速喷出雾化剂给油流股的冲击力，也可以是高压油流股向外界施加的一个力，使油流股受到一个相反的作用力而破坏。根据雾化原理的不同，雾化方式可以分为雾化剂雾化和机械雾化两大类。

① 雾化剂雾化：用空气或高压蒸气作雾化剂，一方面，当雾化剂以较大的速度和动量喷出并与油流股相遇，对油流股产生冲击、摩擦作用，使油流股表面受到一个外力；另一方面，油流股本身的黏性力和表面张力要使油流股维持其现状，当冲击、摩擦产生的外力大于其内力时，油流股就会破碎成细粒。根据雾化剂所用压力不同，这类方法分为：

高压雾化，雾化剂压力为 100kPa 以上。

中压雾化，雾化剂压力为 10～100kPa。

低压雾化，雾化剂压力为 3～10kPa。

② 机械雾化：将重油加以高压（1.0～3.5kPa）使其以较大的速度并以旋转方式从小孔喷入气体空间，这种方法是依靠油本身的高压，也称为油压式雾化。当重油以高速由小孔喷出时，油流股本身将产生强烈的脉动，由此产生很大的径向分力和波浪式运动，使油流股连续性遭到破坏而分散成细颗粒。同时，当高速油流在与周围静止介质作相对运动时，周围气体的摩擦作用对油流股产生附加外力。高速油流旋转喷出时，其离心力的作用也可以使油流破坏。

（2）雾化炬特征：重油雾化后形成的颗粒群分布在气体介质中，这些颗粒群运动的轨迹组成了轮廓比较规则的雾化矩。雾化炬特征可以由以下各项指标说明。

① 油粒直径：雾化后油的粒径分布是不均匀的，油滴尺寸相差越小，雾化颗粒均匀程度越好。雾化后油滴直径通常用平均直径表示。

② 雾化角：即雾化炬的张角。雾化角通常是以喷口为中心，以 100mm 为半径作弧，与边界相交，交点与中心相连所得的角度即为雾化角。雾化角大可形成较大张角，短而粗的火焰；反之，则形成细而长的火焰。凡有助于提高切向分速度的因素都会使雾化角增大，如采用带旋流装置的烧嘴，可得到大的张角（60°～90°或更大），而提高轴向速度的因素都会使张角减小，即采用直流式烧嘴张角小，只有 10°～20°。

③ 油粒流量密度：油雾中油粒质量密度是指在单位时间内，在油粒运动的法线方向上，单位面积所通过油粒的质量 $[g/(cm^2 \cdot s)]$。油粒流量密度可由实验测得。

④ 油雾射程：在水平喷射时，油粒降落前在轴线方向所移动的距离称为油雾射程。一般轴向分速度越大，射程越远；切线分速度越大，则射程越近。射程在一定程度上反映火焰的长度。

（3）影响雾化质量的因素：

① 油温：提高油温可降低油的黏度，减少内力，改善雾化质量。为了达到良好的雾化，油的黏度一般不高于 5～10°E，根据不同种类油的温度-黏度曲线，可将油加热到所

要求的温度。油温也影响油的表面张力，温度升高表面张力有所减小，但在实际工作条件下油温变化对表面张力的影响很小，故可不去考察表面张力对雾化质量的影响。

② 雾化剂压力：提高雾化剂压力，雾化剂喷出速度增加，可以获得较大的气流动量，使油流股受到更大的冲击而破碎成更小的颗粒，所以高压油烧嘴比低压油烧嘴可以获得更好的雾化质量。

③ 雾化剂流量：雾化剂单位消耗量（每千克油消耗雾化剂量，kg/kg），对雾化质量也有影响，特别是低压油烧嘴，由于雾化剂压力低，出口速度不大，所以要把燃烧用空气的大部分或全部作为雾化剂，以产生较大的动量。对于高压油烧嘴，雾化剂用量可少很多，增加雾化剂用量，颗粒平均直径有所下降，但当雾化剂用量达到一定值后，如再增加则颗粒平均直径虽有所减小，但不显著，且压缩空气成本高，过多的蒸气用量还会降低燃烧温度，所以实际上也不允许过多地增加高压雾化剂的用量。

④ 油压：油压决定着油的流出速度。采用空气作雾化剂的烧嘴，油压不宜太高，特别是对于低压雾化油烧嘴，油压过高油流喷出过快，雾化剂来不及对油流股起作用，使油得不到良好的雾化。

对于机械雾化油烧嘴，它是靠油流股本身脉动而实现雾化的，因此油压越高，油流股喷出速度越大，可以达到更好的雾化效果。

⑤ 烧嘴结构：在烧嘴结构中影响雾化质量的因素有，油与雾化剂出口断面尺寸，雾化剂与油流股交角及二者相遇位置；雾化剂旋转角度；雾化剂与油的出口孔数，各孔形状和相对位置。这些因素的影响是复杂的，目前还不能对其进行定量计算，在设计烧嘴时只能从上述各因素着手改善雾化质量。

（4）油雾与空气混合：

由燃烧计算得知，每千克重油燃烧大约需要 $10Nm^3$ 的空气，这个量是很大的，而一般气体燃料燃烧所需空气量较重油所需空气量小，且均相混合。所以，重油与空气混合不像煤气与空气混合那样容易，因此就不像煤气燃烧那样易于得到短的火焰和达到完全燃烧。

① 重油与空气混合同样取决于两流股的相对速度、中心流股开始尺寸、两流股交角、流股旋转情况等方面的因素。油的雾化质量直接影响油雾和空气的混合，只有雾化得很细，且油粒在流股断面上分布较均匀，才有可能与空气很好地混合，因此雾化与混合是相互联系的两个过程。

② 与助燃空气混合要好，燃烧速度才快。

③ 喷出火焰要能控制。火焰要"软"而短（火焰长 0.7～1.2m），以免喷射到制品上，并且要求火焰的扩散角度要适当（20°～30°）。

3）制品烧成过程中，不允许有水蒸气进入窑内，以免影响产品质量，故要求空气作雾化剂。

4）窑的工作较稳定，要求重油烧嘴的工作也要稳定。因此，要求雾化空气的喷出速度能保持稳定，火焰长度就能保持稳定，烧嘴工作就稳定，雾化质量就好。为此，要求烧嘴在操作过程中，雾化空气出口断面要能调节。这样在操作过程中，即使烧嘴能力改变，雾化空气喷出速度仍能保持不变。

5）结构简单，易于调节，操作方便，工作时噪声要小。

根据上述要求，在烧结砖瓦隧道窑上，选用低压油烧嘴比较合适。这种烧嘴的优点是以低压空气为雾化剂，压力低（4000～10000Pa），用一般的离心风机就能满足其压力要求，动力消耗少，雾化空气大部分或全部经烧嘴喷送进入，雾化质量较好，混合较好。燃烧时空气过剩系数小，一般为 1.25 左右，并可得到短而"软"的火焰，另外由于雾化空气和重油压力（0.5～1.5 倍表压）都较低，噪声小，而且容易调节，维护简便。缺点是烧嘴外形尺寸较大，空气温度受到限制，一般不超过 350℃，过高易引起重油碳化出现堵塞，另外自动控制性能较差。

二、重油烧嘴

在燃油系统中烧嘴是一种主要设备。重油的雾化、油雾与空气的混合、燃烧温度和火焰形状等方面都直接和烧嘴结构有关。

根据重油燃烧过程的特点，对重油烧嘴的基本要求是：有一定的燃烧能力；在一定的调节范围内能保证雾化质量；能形成空气与油雾混合的良好条件；燃烧稳定；结构简单，调节方便，坚固可靠等。

1. 低压烧嘴

低压烧嘴是用风机供给的空气作雾化剂，烧嘴的风压一般为 50～100Pa，高达 120Pa。由于雾化剂的压力低，所以雾化剂与油流的相对速度小，在这种情况下重油雾化所受的外力，主要不是来源于雾化剂的速度，而是雾化剂的质量所产生的较大动量。因此，在低压烧嘴中必须用大量的空气，通常把重油燃烧所需全部空气都作为雾化剂经烧嘴喷入。

由于全部燃烧用空气参加雾化，所以低压烧嘴混合条件好，燃烧所需空气过剩系数小，一般为 $\alpha=1.1～1.15$。由于混合好，低压烧嘴一般火焰比较短。

低压烧嘴一般油压不宜过高，一般为 300～1500Pa。油压过高使油流股的喷出速度太快而来不及很好地雾化。

低压烧嘴的燃烧能力不大，一般不超过 150～200kg/h。这是因为在雾化剂和油的压力均较低的情况下，如果再加大燃烧能力就要增加喷出口断面，使雾化质量不易保证，且烧嘴尺寸将很庞大。

在低压烧嘴中空气的预热受到限制，因为全部空气经过烧嘴与油管接触，如果预热温度太高会将油管加热，使油在喷出前热分解析出碳粒，造成烧嘴堵塞。

对于低压烧嘴，空气不仅是燃烧反应的氧化剂，同时又是雾化剂。当调节油量时，燃烧所需空气量也随之变化，从而影响雾化质量。例如减少油量，空气量也相应减少，若空气出口断面不变，则空气出口速度降低，雾化质量变坏，为此低压烧嘴的空气出口断面最好做成可调节的。当空气量变化时，空气出口断面也应相应变化，以保持空气具有一定的喷出速度。

比例调节式烧嘴是低压烧嘴中广泛应用的一种形式，该烧嘴空气出口断面和油出口断面能够改变，油量和空气量可按比例调节。

2. 高压烧嘴

高压烧嘴是用高压气体（如压缩空气或蒸气）作雾化剂，燃烧所需空气的大部分或全部由风机另行供给，所以和低压烧嘴相比，空气与重油的混合条件差、火焰较长，为保证完全燃烧，所需空气过剩系数较大，为 1.2～1.25。高压烧嘴的优点是只有少量气体（雾化剂）通过烧嘴本体，因此在烧嘴本体较小的情况下可以获得较大的燃烧能力，此外空气预热也不受重油受热分解的限制，可以提高空气预热温度。常用的高压烧嘴有以下几种。

1）外混交流式高压烧嘴

外混交流式高压烧嘴是高压烧嘴中最简单的一种，目前在隧道窑中广泛采用。该烧嘴采用压缩空气或蒸气作雾化剂。当进行高压操作时，压缩空气压力在 300kPa 大气压以上，一般为 300～700kPa；低压操作时，蒸气压力仅为 100kPa 以下。无论采用高压或低压操作，雾化油滴平均直径在 100μm 以上，雾化质量较差。

2）外混旋流式高压烧嘴（GM 系列）

由于该烧嘴喷头内部装有旋流叶片，使雾化剂在喷头内按一定角度（30°）旋转后喷出，从而改善了雾化质量。其雾化油滴平均直径小于 100μm，且火焰形状及调节性能好，结构简单、操作可靠。

3）内混式烧嘴

内混式烧嘴油管喷口在雾化剂喷管里面，雾化剂可以在较长一段距离内与高速油流混合，同时当油气相混时，气被油所包围，因此高压气体喷出后，由于体积膨胀而将油滴进一步破碎，即起到二次雾化作用。因此，雾化质量好，雾化粒度一般小于 40μm，甚至可达到 10μm 左右。采用内混式烧嘴，不但可以得到较小的油粒，而且油粒在流股中分布均匀，有利于空气混合，所获得的燃烧温度高、火焰短。同时，内混式烧嘴雾化剂包围着油烧嘴，防止由于窑内高温辐射热使重油分解析出碳粒堵塞烧嘴的现象发生。但是，这种烧嘴由于雾化剂在油喷口处的反压力较大，所以油压必须较高才能使油流喷出。

该烧嘴一级雾化采用拉伐尔管，雾化剂经拉伐尔管进行绝热膨胀，获得更高速度后与重油流股相遇，二者再进行二级雾化。该烧嘴雾化质量好，燃烧能力高。

采用拉伐尔管时，拉伐尔管尺寸按高压气体流出原理设计，并且加工制造要精细、准确，否则扩张管有可能造成能量损失，达不到预期效果。

3. 机械雾化烧嘴

机械雾化烧嘴不需要雾化剂，重油在本身压力作用下由烧嘴喷出而雾化。燃烧所需全部空气另行供给。为了保证雾化质量，要求重油具有高的喷出速度，故要求油压高。

由于高速旋转的离心力，重油产生很大的切线速度，与周围空气形成冲击和摩擦，从而得到很好的雾化，并使油流股旋转，产生与空气混合的有利条件。

因为机械雾化烧嘴不需要雾化剂，所以空气预热温度不受限制，但雾化后的颗粒较大（直径为 $100\sim200\,\mu m$），机械雾化烧嘴燃油量大。

4. 转杯式烧嘴

转杯式烧嘴有专门的电机带动转杯和风机叶轮旋转，油通过空心轴进入高速旋转的杯的内壁（杯转速为 $3000\sim6000r/min$），并在内表面上形成很薄的油膜。由于转杯是一个向外扩张的空心圆锥体，在高速旋转时产生很大的离心力，薄油膜层就沿着转杯内表面快速向前运动，油膜层越来越薄，最后雾化成小油滴脱离杯口，呈螺旋曲线向前运动。

油滴离开喷嘴后立即遇到一次空气。一次空气由固定在转轴上的风机叶轮供给，空气通过导流叶片产生旋转运动。当一次空气与油粒旋转方向相反时，可使油流扩张程度缩小（否则油将呈伞形飞离喷口），使雾化、混合、燃烧效果均较好。

转杯式烧嘴结构紧凑，动力消耗少，火焰粗而旋转，火焰稳定，开工点火容易，操作方便。对于小油量、单个烧嘴，很难选择标准油泵和风机时，采用转杯式烧嘴较为合适。

三、重油的烧结过程

1. 蒸发

油粒受热表面开始蒸发产生油蒸气，大多数油沸点不高于 $200℃$，所以蒸发是在温度较低时进行的。

2. 热解和裂化

油及其蒸气都是由碳氢化合物组成，它们在高温状态下与氧分子接触可以发生燃烧反应，但与氧接触之前便达到高温，则会发生热解现象，油蒸气热解以后可以产生固体的碳和氢气，实际燃油窑所见到的黑烟，便是烟气中含有热解产生的碳粒所致，但这种碳粒并非纯碳，其中还含有少量的氢。

尚未来得及蒸发的油粒本身，如果剧烈受热而达到较高的温度，液体状态的油会发生裂化现象。根据所处条件不同，碳氢化合物裂化可以按对称方式进行或非对称方式进行，例如十五烷的碳可按以下两种不同的方式进行：

$$C_{15}H_{32}=C_7H_{16}+C_8H_{16} \quad 对称型$$

$$C_{15}H_{32}=CH_4+C_{14}H_{28} \quad 非对称型$$

非对称型裂化得到的轻碳氢化合物很快被烧掉，而余下的重碳氢化合物则燃烧很慢。

$$C_{14}H_{28}+21O_2=14CO_2+14H_2O$$

进行上述反应，一个分子可燃物需 21 个分子氧相结合，实际上这些碳氢化合物的氧化都是在空气显著不足的情况下进行的，因此很难保证迅速完全燃烧。

不对称裂化发生在高温情况下（650℃以上），也就是说在重油燃烧过程中裂化主要以不对称方式进行，如不能很好地组织燃烧，则会出现烟囱冒大量的黑烟，燃烧室结成焦瘤，若在烧嘴内部结焦，则会堵塞烧嘴使燃烧中断。

3. 着火燃烧

气体状态的碳氢化合物与氧分子接触且达到着火温度时，便开始激烈的燃烧反应，此外固体状态碳粒也开始燃烧，而其中气体状态的燃烧是主要的。

在含氧高温介质中，油蒸气及热解、裂化产物等可燃物质不断向外扩散，氧分子不断向内扩散，两者混合达适当比例（在 $\alpha=1$ 左右）即着火燃烧，在前焰面处温度最高，产生的热量又向油滴传去，使油滴继续受热、蒸发。

在油滴燃烧过程中，一方面燃烧反应要由油的蒸发提供可燃物质，另一方面油的蒸发又要靠燃烧反应提供热量，在稳定过程中蒸发速度和燃烧速度是相等的。但是如果油的蒸气与氧的混合燃烧过程有条件强烈地进行，那么整个燃烧速度就取决于油的蒸发速度。反之，如果蒸发很快而蒸气燃烧很慢，则整个过程的速度便取决于油蒸气的均相燃烧。所以，液体燃料的燃烧不仅包括均相燃烧，还包括对液滴表面的传热、传质过程。

重油也可以乳化燃烧，在重油中掺入少量水，并使其与油形成乳浊液，可以在一定范围内节约燃料。油中掺入水对重油燃烧的影响，主要是可以改变雾化质量。因重油掺水后，油滴中有水滴，也就是油包在水的外面，水的沸点比油低，油喷进窑后水首先蒸发，体积膨胀，可以将油滴破碎，起到二次雾化的作用。

此外，在高温下碳可以和水蒸气进行反应：

$$C+H_2O=CO+H_2$$

因此，在火焰根部缺氧的情况下，采用蒸气雾化或油中掺水，增加了油雾密集处的水蒸气量，对于减少炭黑的生成可起到有利的作用。

掺水量过多，废气量随之增大，燃烧温度下降，因此油中掺水应有一个最佳值。

第五章 窑上管道

要使隧道窑能正常工作，必须供给燃烧所需的燃料（如煤气、重油等）和助燃空气，燃烧产物要从窑内排除；烧好的制品要进行冷却，也要送入一定量的冷空气。因此，隧道窑上需要敷设输送这些流体的管道。

隧道窑上使用的管道按材料性质，可分为非金属管道（如砖砌烟道、水平或垂直支烟道等）和金属管道两类。非金属管道一般是在窑的砌体上留设或埋设于窑内，而金属管道一般是敷设于窑砌体外面，前者称为内置式，后者称为外置式。就目前燃煤隧道窑的烟道讲，一般认为能采用砖砌筑内置式的，就不采用钢管外置式，这样做：①节省了钢材；②免去了因烟气对钢管的腐蚀而带来的维修量；③取消了繁杂的钢管后，使得窑顶面清爽、整洁、美观；④免去了外置钢管的散热损失，有利于节约热能。

两种风道温度下降大致情况如表5-1所示。

两种风道温度下降大致情况 表5-1

气体温度（℃）	每米长下降的温度（℃）		
	砖砌内置式	钢管外置式	
		已绝热	未绝热
200～300	1.5	1.6	2.6
300～400	2	2.7	4.8
400～500	2.5	3.8	7
500～600	3	4.9	9.2
600～700	3.5	6	11.5
700～800	4	7.1	13.8

内置砖砌管道在窑体砌筑时留设即可。以下重点讨论外置式金属管道。如何设计外置式金属管道？它主要包括两个方面：一是管道的布置要合理；二是管径的选择和计算。

这里涉及流体（气体或燃料油）在管道内流速的选取问题，当输送量一定时，流速大，则管径可以小一些，但是阻力大，相应动力消耗要大；反之，流速小，则管径要大，动力消耗可小一些，但相应的材料消耗要多，有时造成布置上的困难。流速和管径是一对矛盾，这就需要我们用辩证的方法选择合理的流速和管径。

第一节　管道的布置

一、空气、煤气管道布置原则

1）窑上空气、煤气管道设计应便于生产操作，安全，阻力损失小，便于施工，经济，并应适当考虑隧道窑生产能力发展的需要。

2）每条隧道窑的管路系统都要能单独调节控制，并设有下列装置：

（1）放散吹扫系统。

（2）排出冷凝水及冷发生炉煤气中焦油的装置。

（3）操作阀门及安全装置。

（4）试验取样管和测量装置。

3）管道布置时要注意：

（1）管线要短，使整个流程中阻力损失最小，转弯、收缩、扩大、分流节点要少。

（2）流向要顺。

（3）尽量使每个烧嘴前压力相等。

（4）为了防止煤气从管道内漏出，在管道的接合处，除必须用法兰连接的地方外（如闸阀、烧嘴连接处）应尽可能采用焊接。

（5）煤气管应敷设在地面上，总管及分管的敷设高度一般不低于 2m，不得已时才敷设在地沟内。地沟内应保持通风良好，检修方便，并敷以带孔的盖板。沟内的管道不用或尽量少用法兰或丝扣接头。沿墙布置的管道距墙边应有一定的距离，管道最大凸出部分（法兰、阀门、保温层等）至墙边的空隙至少为 100mm，以便检修。

（6）设在管道上的附件，如闸阀、手轮、旋塞手柄等，必须考虑到操作方便。采用闸阀时，尽量安装在水平管段上，手轮位于上部。

（7）为避免管道内淤积冷凝水，妨碍烧嘴正常工作，煤气支管或分管应分别从煤气分管或总管的侧方或上方引出。如位置受到限制时，也可以从总管下面引出（但阻力大，应尽量少用），凸出部分为 20～30mm。

（8）当煤气总管或分管的水平长度为 4～6m 时，应按流动方向向后倾斜 0.005 的坡度，并在低端管末端装设排水器。如采用水封排水时，则水封深度必须大于煤气计算压力的 10000Pa。如较小管中的冷凝水排向大管道时，可以做成同心异形管。如果大管道的冷凝水排向小管时，必须做成平底的异形管，以便排水。

（9）热发生炉煤气管道应有清灰孔，其布置和数量以检修方便为原则。

（10）含硫的天然气管道上应有清灰用的蒸气（或压缩空气）接点，在管末端应有出灰口（灰尘为硫化铁粉末）。

（11）为防止静电，煤气管道要接地。

二、煤气放散管及安全装置

（一）煤气放散管的布置

布置煤气放散管应注意以下几点：

（1）每条窑都应设有单独的放散管。若窑上设有两组煤气管道时，可以把两组煤气的放散管并联，以节约材料。

（2）放散管应设置在窑前煤气总管两个总阀门之间（如只有一个阀门可不设放散管）和各分管的最末端（按煤气流动方向）及管壁上最高点。在每一接出点的放散管上必须装一个旋塞，其位置应尽量靠近煤气管。同时，在煤气分管的末端装有带旋塞的取样孔作测试用。

（3）当将煤气直接放入大气中时，放散管应高出附近 10m 内建筑物最高通风口 4m。

（4）为防止放散管堵塞和雨水进入，在放散管出口处应设置防雨水帽。

（二）煤气爆炸界限

可燃气体与空气或纯氧混合时的爆炸界限及温度（在 1 个大气压下）如表 5-2 所示。

可燃气体着火的最低温度及其爆炸界限　　　　　表 5-2

名称	着火的最低温度（℃）		爆炸界限（体积百分比，%）			
	与空气	与氧气	与空气		与氧气	
			上限	下限	上限	下限
CH_4	537	645	5.3	15	5	60
H_2	510	450	4.1	75	4.5	95
CO	610	590	12.5	75	13	96
C_2H_2	305	295	2.3	82	2.8	93
C_2H_4	450	485	3	16	3	80
C_2H	510	500	3	14	3.9	50.5
NH_3	—	—	15.7	27.4	13.5	79
H_2S	290	220	4.3	45.5	—	—

（三）煤气安全装置

安全装置有下列两种。

1. 连锁保险器

在煤气总管或每组煤气分管前各设一套连锁保险器。当煤气压力降至定值或助燃风机事故停风或停电等都能迅速自动切断煤气，确保安全。

这种装置造价较高，但工作可靠、安全。

2. 防爆水桶

利用煤气总管或分管末端设置的冷凝水排出口（也称排水、焦油水桶），作为防爆水桶。这种装置简单，制造容易，维修方便。

缺点：当煤气压力降低或助燃风机停止工作或停电等都不能自动切断煤气时，要靠人工去关闭阀门。所以，仍需安设煤气压力降低信号收射器和快速切断阀。

三、重油管道布置原则

管道布置合理与否对烧嘴燃烧影响很大，因此对管道布置要求如下：

1）管路简单，阻力小，压力降小。

2）管径选择经济合理，运行畅通。

3）安装和拆卸方便，检修维护容易。在工作压力下严封不漏油。

4）保证供油油温、油量稳定，使用安全，耐用可靠。

5）供油的稳定性和烧嘴油压的调节，往往通过回油量的调节来实现。回油方式通常有以下三种：

（1）泵后回油：这种回油方式是在工作油泵进出油管上接一旁通油管。回油可以接到泵前，也可接管返回到油罐。这种回油管管路简单，加热器只需要加热烧嘴耗用的那部分重油，因此材料省，耗热量少。采用这种回油方式，其总油管油压的稳定性可以依靠在回油管上安装溢流阀或调节阀来控制。对于互相干扰少（例如单独一条隧道窑）、输送距离短、负荷变化比较少的窑上采用这种回油方式是比较合适的。

（2）循环回油：从加热器出来的重油，在窑的总管上引出支管供给烧嘴用油，总管内未用完的油，经过回流阀和回流管返回到油罐（或油泵前）形成大循环。这种形式的管路用量多，耗热量大，若回油量大且温度高，还需要注意避免引起油罐"冒油"。若返回到泵前吸入管，则循环管路消耗的油量仅从油罐得到补充。但是如果回油量过大，泵前吸入管容易产生节流现象，吸不上来，若油温过高，还要影响泵的正常工作。如果油点多（例如几条窑），采用这种方式对稳定油量、调节各烧嘴的油压和油温比较可靠，可排除互相干扰现象。

（3）复式回油：这种回油方式，即是泵前回油与循环回油相结合。回油管路具有更大的灵活性和可靠性。

6）计算管径时，按最大流量计算。采用循环输油时，应考虑循环油量。循环油量一般为使用油量的3~5倍，最小不小于油量的1.5倍。非循环供油系统，管道内的重油流量一般应按重油最大耗油量的2~4倍计算。

7）重油烧嘴的雾化空气进口，通常放在上面或一侧，若放在下边，当停气或清洗时，重油易流入空气管。重油进口应放在下边或一侧。

8）为了获得较好的空气流动情况，烧嘴与雾化空气蝶阀之间的直线长度应不小于500mm。

9）窑前管道尽量靠墙排列。管线设计要严密、耐久，管子连接尽量采用焊接。为便于安装、清理和拆卸，烧嘴等应装有可拆卸的活动接头和法兰。

10）管线布置应避免死角或U形，转弯力求圆滑。为了排放管内存油和便于清扫管线，管道沿油罐方向应有0.5%的坡度，最高点应设排空阀，最低点应装带旋塞的排油口。

11）窑上重油支管应设放油支管，同时应设蒸气吹扫装置。

12）为保证油温的稳定性和油的清洁性，窑前重油应加热和过滤。

13）重油管道一般采用蒸气伴随管保温。在寒冷地区，烧嘴前的重油管道也应设蒸气伴随管。

14）油管和其他管道一起架设时，应考虑温度互相影响。如热油管与冷水管一起敷设易使油变凉。

15）蒸气管应设冷凝水排出装置。

16）为了防止静电，重油管道应接地。接地采用直径 6mm 圆钢，其一端焊在需要接地的设备上，对管道来说应焊于法兰盘的两侧，方能保证连接处导电性能良好；另一端焊接在接地电极铁上。接地电极的表面，对设备接地应不小于 $0.5m^2$，对管道接地应不小于 $0.3m^2$。接地电应埋在湿土层内，其埋设深度应不小于 2m。

17）如果管道较长，应装置热膨胀补偿器。

第二节　管道直径的选择

根据计算（或按经验数据），燃料消耗量、助燃空气量和燃烧产物量以及冷却所需要的空气量均为已知，这样只要确定这些流体在管道中的合理流速，便可以计算出管道的直径。

一、空气、煤气管道直径的计算

（一）管道断面面积与流量、流速的关系式

$$F = \frac{V_0}{3600W_0}$$

式中　V_0——气体在标准状态下的流量（Nm^3/h）；

　　　W_0——气体在标准状态下的流速（Nm^3/s）；

　　　F——管道断面面积（m^2）。

（二）管道直径与断面面积的关系式

$$d = 1000\sqrt{\frac{4F}{\pi}}$$

式中　d——管道直径（mm）；

　　　F——管道断面面积（mm^2）。

管道内气体的流速选用范围如表 5-3 所示。

管道内气体的流速范围　　　　　　　　　　　　表 5-3

名称	流速 W_0（Nm^3/s）
发生炉煤气管道	1～3
高压净煤气管道（煤气不预热）	8～12

名称	流速 W_0（Nm³/s）
高压净煤气管道（煤气预热）	6～8
低压净煤气管道（煤气不预热）	5～8
低压净煤气管道（煤气预热）	3～5
压力在5000Pa以上的冷空气管道	9～12
压力在5000Pa以上的热空气管道	5～7
压力在5000Pa以下的冷空气管道	6～8
压力在5000Pa以下的热空气管道	3～5
压力很小的热空气管道	1～3

二、重油、蒸气和雾化空气管道直径的选择

（一）重油管道直径的选择

$$d_{油} = \sqrt{\frac{\beta}{p_{油} \, w_{油}}}$$

式中　β——重油的流量（kg/h）；

$\quad p_{油}$——重油的密度（kg/m³）；

$\quad w_{油}$——重油的流速（m/s）。

重油流速一般采用0.1～1m/s。为了避免管道堵塞和沥青沉淀，输油管直径不应小于10mm。

（二）蒸气和雾化空气输送管直径的选择

蒸气和雾化空气直径由下式确定：

$$d = 18.8\sqrt{\frac{m_{蒸} \, v}{w}} \text{ 或 } d = 18.8\sqrt{\frac{m_{空}}{pw}} = 18.8\sqrt{\frac{V}{w}}$$

式中　$m_{蒸}$——蒸气的质量流量（kg/h）；

$\quad m_{空}$——空气的质量流量（kg/h）；

$\quad v$——比体积（m³/kg）；

$\quad p$——体积密度（kg/m³）；

$\quad w$——流速（m/s）；

$\quad d$——管道直径（mm）；

$\quad V$——蒸气或空气的体积流量（m³/h）。

采用的流动速度：

饱和蒸气主管为30～40m/s。

饱和蒸气支管为20～30m/s。

过热蒸气主管为40～60m/s。

过热蒸气支管为30～40m/s。

压缩空气为 20～30（<50）m/s。

鼓风机空气为 10～15m/s。

为了避免大的压力损失，有时宁愿用较小的速度，但同时增加了管道的直径和金属的消耗。

第三节 管道材料的选用

一、空气管道

空气管道一般用钢板卷焊，但直径小于 100mm，壁厚在 2mm 以上的管道卷起来较困难，故采用水煤气输送钢管。直径大于 100mm 的管道采用厚 2～3mm 的 A3 钢板卷制焊接。

二、煤气管道

煤气管道根据煤气压力和管径大小不同，采用的管材也有区别。当煤气压力小于 5000Pa，管径小于 80mm 时，可采用水煤气输送钢管。当管径小于 250mm 时，采用最薄的热轧无缝钢管或钢板焊接管。管径大于 300mm 时，可采用钢板焊接管。当煤气压力大于 5000Pa 时，除水煤气输送钢管改用热轧无缝钢管外，其余与煤气压力在 5000Pa 以下的管道相同，管道材料除水煤气输送钢管外，全部采用 A3 钢板。

第四节 管道阀门及其选用

一、常用阀门的使用性能

（一）旋塞阀

其结构简单，外形尺寸小，开启和关闭较迅速，仅需旋转 90°。但密封面容易磨损，在温度过高、压力过大的地方易卡住或漏油。适用于低温、低压快速启闭管路，也可作调节用，但经常用来进行调节是不适宜的。

（二）闸板阀

它是广泛使用的一种阀门，优点是流体阻力小，开启、关闭力较小，介质可以两个方向流动。缺点是结构复杂，高度尺寸比较大，密封面容易擦损。这种阀有暗杆、明杆、楔式及平行式等几种形式。暗杆适用于非腐蚀性介质及安装、操作位置受到限制的地方。明杆适用于腐蚀性介质及室内管道上。平行式闸板阀两密封面互相平行，大多制造为双闸板式的，与楔式闸阀比较，其闸板容易制造、修理，不易变形，但不适合用于含有污染物及杂质的介质中，主要用在蒸气、清水介质、煤气和石油管道上。楔式闸板阀的两密封面成一角度，过去大多制造为单闸板式，后来发展为弹性闸板，与平行式闸板阀比较，由于闸板是整块的，密封面成一角度，故密封面制造、修理、研磨要求较高，在高温下容易变形，适用于黏性介质中，主要用在石油、化工等管道上。

闸板阀的传动方式根据使用要求除手轮传动外，还有直齿轮传动、伞齿轮传动、电动、气动、液动等。窑上常用的一般为手轮传动。

闸板阀的连接形式有法兰、螺纹、焊接等。

（三）截止阀

是使用最广泛的一种阀门。与闸阀比较，优点是结构简单，密封性好，制造、维修较方便；缺点是流动阻力大，开启、关闭力也稍大。截止阀的传动形式与闸板阀基本相同。连接形式有内螺纹、外螺纹、法兰、焊接等。

（四）止回阀

是在管道上防止输出介质（如重油）倒流的一种阀门。止回阀有升降式和旋启式两种。旋启式止回阀阻力小，制造、维修方便，可以水平或垂直安装。安装时必须注意流动方向，否则它的闸板因自重而下垂，使阀门失去作用；升降式阻力较大，且不适用于水平管道。

（五）针形阀

针形阀一般用于烧嘴前的微量调节，调节幅度小，灵敏性好，但阻力损失比较大。

（六）安全阀

平时关闭，过压时打开，保护管路系统免受过载压力，起安全作用。

二、阀门的选用

（一）空气、煤气管道阀门的选用

窑上空气、煤气管道通常用闸板阀、旋塞阀和截止阀来切断气体流路和调节流量。

（1）闸板阀：主要用于窑前煤气总管和管道直径大于 50mm 的煤气分管以及烧嘴前空气、煤气支管。另外，烧嘴前的空气支管还可采用蝶阀。

（2）旋塞阀：用在管道直径小于 80mm 的烧嘴前的煤气、空气支管上，以及煤气放散管和各测压口、取样口和导管的接头上。

（3）截止阀：用在煤气放散管和各测压口、取样口等导管的接头上。

（4）窑前煤气管道上的闸板阀应采用明杆式，不允许采用黄铜密封圈的闸板阀和铜制旋塞阀。

（二）重油管道阀门的选用

（1）闸板阀：在泵前管道上一般都使用闸板阀。

（2）截止阀：用于泵后管道上。

（3）旋塞阀：作用和闸板阀相同。

（4）止回阀：用于管道中防止重油倒流的一种阀门。一般装在供油泵后，保护油泵不被损坏。

（5）安全阀：当管径小于 80mm 时，一般采用旋塞阀或截止阀。窑上重油管道一般采用截止阀。当管径大于 100mm 时，采用闸板阀。含硫量较大的重油不宜采用铜旋塞阀及带铜密封圈的闸板阀。

第五节　管　道　支　架

管道支架间距应根据管道荷重及管道允许挠度计算。

管道荷重包括管子自重、保温材料重量、管子凝结水重量（以管内积水 2.5％的容积计算）等。

窑上空气、煤气管道支架，可根据实际情况支撑在窑两侧墙上或窑内两侧支柱上，或是支撑在牢固的厂房结构或专设结构物上。

第六节　重油系统主要设备

重油系统主要包括卸油、贮存及供油。要求此系统达到：重油已净化，供油持续，油温和油压稳定，并保持所要求的黏度。如用油点少，又距贮油罐较近，可采用一段供油系统（图 5-1），即重油直接用油泵从贮油罐经过过滤、加热、再过滤供给烧嘴。

图 5-1　一段供油系统流程

对于用油量大，窑炉多而分散，或用油点距贮油罐较远的砖瓦厂，应用两段供油系统（图 5-2）。这样可保证烧嘴前油压和油温稳定，便于各自计算，回油线路也好布置。

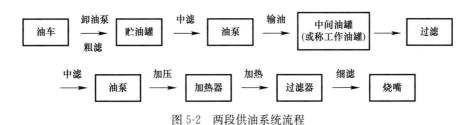

图 5-2　两段供油系统流程

一、油罐

烧结砖瓦厂里的中间油罐多为立式圆筒形的金属油罐，容积为 20～30m³ 较为合适。油罐最好建两个，以备检修、清理和脱水等。

（一）油罐加热形式

重油的黏度大，凝固点高。为了便于抽注、输送和在油罐中进行脱水，必须将油罐中的油加热，以降低其黏度。贮油罐中的油温多控制在 70℃ 左右（＜80℃）。在此温度下，油的黏度足以满足油泵良好的工作条件，也能因与水的密度差而起到脱水作用。在工作油罐里，油温（指 100～200 号重油）一般控制在 90℃ 以内，如果油温过高，容易造成"冒油"事故，同时也会在油泵吸入口造成油中水分汽化而产生汽阻现象，以致打不上油来。至于原油则黏度小，闪点低，其储存温度一般不大于 50℃。

（二）油罐的附属设施

1. 检查孔

检查及清扫油罐内部用。重油长期受热会析出沥青、胶质等沉淀物，连同机械杂质沉积于罐底，应定期清扫。

2. 透气管

又称呼吸阀，设在油罐顶部，管口装上铜丝网罩子。其作用是使油罐内保持与大气相同的压力。

3. 透光孔

供检查时油罐通风及透光用，设在罐顶。

4. 量油孔

测量油位高度用，一般设在罐顶梯子平台附近。

5. 油标尺

检查罐内油量。

6. 放水管

重油经加热脱水，沉积于油罐底部的水定期由放水管排出。管径约 50mm，如过大，则容易将油一同带出。其位置尽量靠近油罐底部，以便顺利排水。

7. 温度测量管

在罐壁的中、下部安装油温测量管 2～3 处，以测量、指示、警告罐内油温变化。

8. 蒸气加热器

防止重油凝固。

9. 蒸气进出口接合管

蒸气进出口接合管位置与加热器的类型和安装位置有关。排管式加热器可设置一层或两层，距罐底高度为 300～1000mm。排管式加热器还应保持加热管有一定的自由排水坡度，使冷凝水顺利流出。

10. 油进出口结合管

进油口设在罐顶或罐壁。出油口管设在罐壁底部附近，不能太低，应留一定的水层空间。但也不能太高，否则会减少油罐的有效容积。最好并联两个出油口管，一个位置高点，一个位置低点，以便在实际出油时，根据罐内油位和水分多少选用。

11. 灭火装置

重油受热易挥发，挥发的蒸气达到一定浓度，遇火会引起燃烧或爆炸。油罐灭火一般采用空气机械泡沫灭火器。

12. 避雷接地装置

在独立油罐区域内均应安装避雷保护装置。避雷保护装置可以直接装在油罐顶部，也可以设置独立避雷针。

二、油泵

油泵在供油系统中用以输送和加压重油。按其作用可以分为卸油泵和供油泵。卸油一般采用齿轮泵或蒸气往复泵。

（一）油泵的选择

（1）油泵的流量应根据生产要求的输油量大小而定，并适当考虑为增加负荷留有余地，同时要注意在最低流量时泵的稳定性。

（2）额定流量的大小与供油系统布置有关。

卸油泵的流量要求比较大，一般工厂按 $1\sim2h$ 内能把油车的油全部卸完作为泵的选用依据。

采用泵后回油时，供油泵流量最少应大于实际耗油量的 $0.5\sim1$ 倍；若采用循环回油，则供油量为最大耗油量的 $3\sim5$ 倍。按此相应考虑泵的容积效率。通常供油泵的最大流量应为烧嘴耗油量的 2 倍以上，以保证一定的回油量和调节余地。

（3）供油泵的输出压力应能满足供油系统的全部压力降并能达到烧嘴前工作压力的需求，压力需要高一些。卸油泵的输出压力则比较低。

（4）对于输送量大、压力小、黏度较小（$15\sim30°E$）的油品，可采用离心泵；当输送压力较高、流量较大、黏度较大（$70\sim80°E$）的油品时，采用往复泵；当流量小而压力高、黏度大（$80\sim200°E$），而且要求流量均匀时，采用齿轮泵和螺杆泵。

（5）油泵台数一般除正式投入的运行油泵以外，还必须有一台备用的。备用的油泵容量，应按运行油泵中最大容量的一台来考虑。同时，要求备用油泵具有压力连锁和电气连锁功能，以保持运行的安全、可靠性。

（6）不同类型的油泵对重油黏度的要求不同，如表 5-4 所示。

油泵对重油黏度的要求　　　　　　　　　　　　　　　　　　表 5-4

油泵型式	允许油的极限黏度（°E）
齿轮泵和螺旋泵	200
离心式油泵	30
活塞泵和往复泵	80
高压齿轮泵	30

（二）油泵的类型及性能

常用的油泵有齿轮泵、螺杆泵、离心泵及蒸气往复泵等。目前，在陶瓷厂和砖瓦厂使用较多的是齿轮泵。

1. 齿轮泵

1）优点

（1）流量较均匀，压力波动小，工作效率高（>0.85）。

（2）动力消耗小，适用于小型输油系统。

（3）对冲击负荷适应性好，旋转部分惯性小。

（4）体积小，重量轻，外形尺寸小，结构简单，维修管理方便。

（5）设备投资少，吸入扬程 3～7m 水柱，能连续供油。

2）缺点

（1）齿轮精度不高时，使用中容易磨损，因而耐久性差，易漏油。

（2）不适宜在较高温度（80℃）下连续工作。

（3）供油压力和流量的选择范围不够广。

（4）当负荷变化时，泵出口压力波动大，容易损坏仪表。因此，在选用时对齿轮泵必须在进出油管间接一旁路阀门进行调节。另外，还需有安全保护装置。

2. 螺杆泵

1）优点

（1）工作压力稳定，流量均匀，运转比齿轮泵平稳，噪声小。

（2）工作效率高（>0.9），当泵处于负压下工作时，压力与流量无多大变化，而且可降速使用，以调节流量。

（3）主动螺杆有卸荷活塞，以平衡轴向液压力。螺杆间的接触应力小，螺杆支撑面积大，故使用耐久性比齿轮泵好。

（4）吸程较高（4～6m 水柱）。

（5）体积小，动力消耗少。

2）缺点

（1）输油黏度要求比齿轮泵严格，适宜的工作黏度为 5～50°E。黏度过大，则流量减少；黏度过小，则油压下降。

（2）仅适用于输送清洁液体，在输送杂质油时，应在泵入口装 80 目的过滤器，过滤器需由特殊钢材制造。

（3）加工较复杂，精度要求高。齿轮泵和螺杆泵一样，都是转子泵，靠其自吸能力排出吸入液体。这种自吸能力与泵的制造加工精度有密切关系，加工精度高，表面光滑，接触紧密，自吸能力大，效率也高。但是随着工作机件的磨损，缝隙加大，输送同样黏度的液体，因回流增加，自吸能力减小，则工作效率降低，输出压力和流量均显著下降。

3. 离心泵

1）优点

（1）流量均匀，流量大，操作可靠，规格种类较多，选型较容易。

（2）价格便宜，管理简单。

（3）动力消耗和体积均比往复泵小。

（4）能输送含有一定量的机械杂质的液体。

（5）吸程大，多级离心泵扬程较大，出口压力比较平稳。

2）缺点

（1）没有自吸能力，吸入管必须预先充满油，才能启动。

（2）效率比其他泵低（一般为 0.4～0.8）。耗电量比齿轮泵、螺杆泵大。

（3）如输送液体黏度增加时，泵的流量、压头和效率显著降低，适合的工作黏度为 15～30°E。当油温过高、油气较多时，离心泵会产生气阻现象而抽不上来。

（4）轴衬易漏油。

4. 往复泵

往复泵有气动和电动之分。但是由于电动往复泵振动大，油压、油量不好控制，价格贵，实际用得很少；气动往复泵也多是用蒸气驱动。下面介绍蒸气往复泵的优缺点。

1）优点

（1）吸程大，具有干吸能力，吸取高度为 6～7m，效率可达 80%～85%。

（2）黏度增加对效率影响不大，不易损坏。

（3）种类多，选择方便。

2）缺点

（1）操作费用高，蒸气及气缸油消耗大。

（2）设备投资大，泵重量大，体积大，安装费用高。

（3）需设置一套供排气和排冷凝水的设备和管线，供油不稳定，需设稳压设备。

三、油泵的使用与维修

1）泵基础应高于地面 150mm，便于管路安装和维修，油泵吸入口中心线应低于油罐最低油位，有利于泵的工作。

2）开动前必须用蒸气对输油管道进行吹扫，特别是泵前过滤器到入口的管道要仔细清扫，管道内的机械杂质必须清除干净。

3）螺杆泵初次启动前，需灌满引液，同时进出口油管上的阀门均需打开，然后启动。泵启动后如果运行正常，可逐渐关小排出管上的控制阀门，以调节所需的压力。往复泵、齿轮泵、螺杆泵、旋涡泵等，启动时必须先开出口阀，否则易把泵胀坏，这是与离心泵操作不同的地方，使用时需特别注意。

4）离心泵开泵顺序是：轴承里注好润滑油，给上冷却水，灌满引液，并用蒸气在泵体外吹气暖泵，把入口阀、放空阀打开，排出泵内空气，预热到规定温度，再关好放空阀，然后关闭泵出口阀，进行盘车，检查一切正常后，方可启动电机，待泵出口压力升到规定值稳定后，再缓慢打开出口阀调节油量。在关闭出口阀的条件下，泵连续运转时间不宜过长。在开泵过程中应注意电机电流变化，不许超过规定值，注意机械密封处泄漏应不多于 10 滴/min。

5）注意油泵压力表的读数，应符合油泵所规定的技术规范。

6）定时检查油泵各部分的发热情况，并使油泵有停机时间，定期维修，泵停用时用蒸气吹扫残油。

7）泵正常运行的几个表征：

（1）泵出口压力表指针稳定，波动幅度微小。

（2）泵运转平稳，无噪声。

（3）电流值波动不大。

（4）泵体不太发热。

8）油泵的常见故障及产生的原因：

（1）排不出油或排油量小，其原因大致有以下方面：

① 泵体内和吸入油管内没有灌油。

② 吸入油管高度太高，超过最大吸程。

③ 吸入管内或法兰盘处漏入空气。

④ 旋转方向不对（电机接反）。

⑤ 吸入管过滤网面积太小或堵塞。

⑥ 排出管路或吸入管路阻力太大。

⑦ 油温太低，黏度增大。

⑧ 泵轴转数不够。

⑨ 油罐油位太低。

（2）漏油：

① 填料压紧盖没有压紧。

② 密封圈已磨损失效。

③ 各部分所衬垫的垫圈破损漏油。

④ 泵壳、轴承座、安全阀体有裂缝破损。

（3）噪声：

① 油吸不上来。

② 主动轴与电机轴不同心。

③ 齿面或螺杆已磨损或咬毛，表面光洁度降低。

④ 轴衬套已损耗。

⑤ 吸入管端有空气漏入。

泵在工作过程中可能发生各种故障，如不及时排除，将引起严重事故，因此必须及时发现和排除故障。在排出时，应根据现象分析原因，及时采取正确措施。

四、重油过滤器

（一）过滤器的选择

炼油厂所生产的燃料油，机械杂质的含量是很少的，但是在运输及装卸油的过程中，不可避免地要混入一些杂质。另外，燃料油在加热过程中会析出沥青胶质和碳化物，如果不及时清除，将对管道、泵及烧嘴产生堵塞和磨损，以至影响正常生产。

为了防止重油中的机械杂质及碳粒对泵、管道及烧嘴产生堵塞及磨损，故在燃油系统中，常常在卸油泵前、供油泵前和油加热器后烧嘴前需要安设重油过滤器。

过滤器一般都成对并列装置在管道中，一个使用，一个备用或清洗。有些过滤器内还装有蒸气和加热管，以保持重油一定的流动性和得到良好的过滤。

实践证明，选择太粗的过滤网对泵和烧嘴等起不到保护作用，而选择太细的过滤网，由于增加了阻力，影响油泵的正常工作。在压力线上，阻力过大时过滤网易被击穿，因而过滤网的网孔要选择得当。过滤器的效能还与过滤网面积有密切关系。泵前过滤器的过滤网网孔的净面积一般为过滤器前吸入管道断面面积的 8～9 倍，最高达 10～30 倍。在加压线上的过滤器一般为管道断面面积的 5 倍左右。

过滤器的过滤网净面积与输油量的关系如表 5-5 所示。

过滤器的过滤网净面积与输油量的关系　　　　　　　　　表 5-5

油量（m³/h）	1	2	3	4	5	6	8	10
过滤网净面积（cm²）	235	470	705	940	1175	1410	1880	2350

重油过滤器按其用途可分为粗、细过滤器两种。粗、细过滤器采用的滤网规格与使用的泵和烧嘴有关。

过滤器按其结构形式，可分为网状过滤器、片状过滤器及线隙式过滤器等。最常用的是网状过滤器和片状过滤器。

根据使用实践，这里重点讨论加热器后烧嘴前的网状过滤器。

卸油泵前过滤器的过滤网规格，对离心泵和蒸气往复泵为 64～100 孔/cm²。

供油泵前的过滤器的过滤网规格，对螺杆泵、齿轮泵为 144～400 孔/cm²。

在烧嘴前的过滤器主要是防止从管道及加热器中冲刷下来的垫片纤维及碳粒使烧嘴堵塞，故在窑的加热器后烧嘴前安设过滤器。

油的净度要求和烧嘴的形式有关。窑上用的高压烧嘴比低压烧嘴对重油的净度要求高，因其烧嘴喷口直径较小。

对重油净度要求高的烧嘴前过滤器：网眼数为 40～80 格/cm（1600～6400 孔/cm²）。

对一般空气雾化的低压烧嘴前的过滤器：网眼数约为 13 格/cm（169 孔/cm²）。

由于重油中含有杂质，并且温度较高，所以对过滤器提出以下要求：

（1）过滤精度应满足所选用油泵、烧嘴的要求。

（2）过滤能力应比实际需要量大。对于泵前过滤器，其过滤能力为泵容量的两倍以上。

（3）滤芯应有足够的强度，不至于因油的压力而破坏。

（4）在一定的工作温度下，有足够的耐久性。

（5）制作方便，价格便宜。

（6）容易清洗及更换滤芯。

（7）有足够的抗腐蚀性。

（二）过滤器的结构

1. 网状过滤器

网状过滤器是燃料油系统中比较常用的一种过滤器。这种过滤器的滤网是用铜丝或合金丝编成。滤网材料最好采用镍丝制作，以利于防腐蚀。

2. 片状过滤器

片状过滤器为精过滤用的过滤器。通过过滤的重油黏度要求不大于 $10\sim20°E$，通过滤网的流速为 $0.1\sim0.3m/s$。滤片间隙为 $0.1\sim0.2mm$。操作时只要将手柄扭转一周，就可以清除滤片间的杂物。这种过滤器一般装在烧嘴入口前的管道上作精细过滤用。但如果窑前总油管上已经过滤，烧嘴前就不再需要过滤了，故很少采用。

五、重油加热器

（一）油温与黏度的关系

重油的特性之一是凝固点高，黏度大。当加热温度不够时，黏度大，油泵和烧嘴的效率降低，会恶化油的输送和雾化条件。但是过热也会引起重油裂化和起泡沫，从烧嘴喷出时形成的气体层发生气阻现象，破坏了重油的均匀喷射，使喷油产生脉动并发出爆音，导致燃烧不稳定。在一定的温度范围内，低温加热，黏度下降的幅度较大，随着温度的升高，黏度的变化就较小。

重油的黏度直接影响烧嘴喷出的流量和雾化质量，也就影响着燃烧质量。工作油罐（库）内油的加热温度只允许加热到 $70\sim90℃$，这个温度对于高标号的重油供应给隧道窑烧嘴燃烧是不够的，为将工作油泵送出的重油在入烧嘴前加热到 $100\sim120℃$，通常在工作油泵和烧嘴之间的窑前位置设有重油加热器。

不同类型烧嘴前要求的重油黏度如表 5-6 所示。

烧嘴对重油黏度的要求值　　　　　　　　　　　　　　　　　　　表 5-6

雾化类型	黏度（°E）	允许极限值（°E）
低压空气雾化	3～5	8
压缩空气雾化	4～6	15

续表

雾化类型	黏度（°E）	允许极限值（°E）
蒸气雾化	4～6	15
机械雾化	3～4	7

（二）重油加热器的类型

按照加热器使用的热源，可分为蒸气加热器和电加热器。蒸气加热器又可以分为套管式、管壳式和蛇形管加热器等。在选用蒸气作为热源的加热器时，应考虑以下因素：蒸气的物理参数（温度与压力等），加热油量与油温要求，加热器中允许的压力降，加工和清洗的难易以及材料消耗量等。蒸气加热的油温因受蒸气压力影响而波动，显得不稳定；而以电作为加热器的热源，则油温控制比较稳定，调节灵敏。

1. 套管式加热器

单套管加热器的特点是制造简单，一般施工现场均能自制。内管走油，常用管径为32～50mm，外管走蒸气，管径80～100mm，每根元件长度4～5m，加热面积的大小可由不同根数的元件组合而成。这种加热器传热效率高，制作方便，便于清理。其缺点是接头多，易漏油，体积和占地面积大，金属用量较多。它适用于油泵房加热重油。

2. 管壳式加热器

又称为列管式或管状加热器。它有立式和卧式两种形式。重油在列管内流动，蒸气通过管外侧壁，优点是加热面积大，结构紧凑，体积小，但结构复杂，加工要求较高，检修不方便，油在管内流动比较慢，因而传热系数比套管式小，容易结垢，清洗困难，为使油的流速高一些，一般做成多程管状（6管程左右），外壳需要保温。蒸气工作压力按0.6MPa考虑。

3. 蛇形管加热器

罐内盛重油，蛇形管内通蒸气，重油在罐内流速极慢，传热主要靠自然对流方式进行，所以传热效率低，升温不敏感，但占地面积小，结构简单，加工容易，检修方便，可用作中小型隧道窑的窑前加热。

4. 电加热器

管状电加热器一般应装两个，以便于轮换使用，是在金属管内放入螺旋形的镍铬合金电阻丝，管子的空隙部分紧密地填满导热性和绝缘性好的结晶氧化镁，通过一定的电流后即成为一种发热元件。

电加热器在安装和使用时应注意以下几点：

（1）安装前必须经过电阻试验，电加热的冷态绝缘电阻应大于50～100MΩ。若绝缘电阻低于此值时，应将加热器放在温度120～200℃的干燥箱中烘7～8h，使之恢复正常。如延长烘干时间至72h后仍属无效时，则不能使用。

（2）各种不同类型的电加热器不宜相互代用。

（3）安装时必须严格注意液面不能低于加热器上的最低液面线。

（4）加热器安装完毕后应接地。

（5）不得接在超过额定电压10％的电源上使用。

（6）加热器管表面应保持清洁，不得有结炭情况，否则影响效率。故应经常检查，有结炭立即清除。

第七节　管道试压和保温

一、管道试压

（一）空气、煤气管道试压

管道安装完毕后应进行系统压力试验，以检查各连接部位（焊接法兰接口）的严密性。

煤气管道按以下方法进行强度试验和气密性试验：

（1）强度试验：当管内煤气工作压力小于0.02MPa时，采用2个表压力（0.2MPa）的压缩空气进行试验（煤气管道禁止使用水压试验），以不漏气为合格。

（2）气密性试验：阀门在安装前应单独以0.2MPa的压缩空气进行气密性试验，在0.5h之内，允许降低率不超过1％。

窑前煤气管道试验范围，由窑前煤气总管开始至燃烧器前的阀门为止。试验压力要比煤气压力高3000Pa，以在0.5h内降压率不超过1％为合格。

煤气管道制作完成后，内外刷铅丹一遍，安装试验完毕，在外部再刷防腐油两遍。

（二）重油管道试压

管道安装后必须进行液压试验，试验压力为0.8MPa。并以气压试验其严密性，试验压力为0.3MPa。如无条件进行液压试验时，可用0.8MPa的压力作气压试验。

当管道进行液压试验时，应在试验压力下持续20min，此时压力表上显示的压力降不得超过0.02MPa。

二、管道保温

为了减少管道的散热和防止油管道产生冻结现象，管道及附件应进行保温。

要求管道保温材料无腐蚀性、热阻大、耐热、耐用、性能稳定、密度小、有足够的强度、吸湿性小、易于施工安装和成本低。

包扎保温层以前，管线应经过强度及严密性试验，并清洗管子表面脏物及铁锈，再涂上防锈漆两遍。

第六章 烟　　道

烟道是指隧道窑排烟孔至烟囱底或排烟风机之间的砖砌通道或金属管道，包括垂直支烟道、水平支烟道、汇总烟道和总烟道等。烟道断面面积是根据烟气流量和流速计算的，用流速除以流量即可求得烟道断面面积。

烟道不宜过长，以免烟气阻力大，温度降增加。烟道断面要合理，不宜过小，过小则阻力大，也不宜过大，以免浪费。原则上水平支烟道的断面面积约等于排烟孔的断面面积之和；总烟道的断面面积约等于两侧水平支烟道断面面积之和，不要因断面缩小而增加烟气阻力。但是由于烟气在流动过程中温度逐渐降低，体积逐渐缩小，加之考虑到便于沿预热带长度方向温度的调节，往往在设计排烟孔的数目时，总是比实际使用排烟孔的数目来得多一些。

一、砖烟道

砖烟道断面尺寸计算后尚需根据其内衬砖（耐火砖或红砖）的砖型来确定。烟道设计时，要注意土壤情况、地面荷重、地下水位、烟气温度和与窑房基础的关系等，并力求路程短、拐弯少、阻力小、便于施工。

二、烟道断面的计算

$$F = \frac{V_0^{烟}}{3600 W_0^{烟}}$$

式中　F——烟道断面面积（m^2）；

$V_0^{烟}$——排出的烟气量（Nm^3/h）；

$W_0^{烟}$——烟气的流速（Nm/s）。

烟气在烟道内的流速（$W_0^{烟}$）一般为：

窑两侧水平烟道 $1.5 \sim 2.5 Nm/s$；

总烟道 $2.5 \sim 4.5 Nm/s$。

总烟道如需考虑清扫时，其最小宽度不小于 480mm，高度不低于 580mm。不需要清扫时，根据实际情况也可做得小一些。

三、烟道结构设计注意事项

（1）烟道应避免急剧拐弯，拐弯处应削一角度，削掉的角度以 45°为宜。这样既可减少阻力损失，又使烟道便于砌筑。同时，应尽量避免烟道断面面积的显著变化，在不提高烟道造价的前提下，应使烟道有较大的断面面积，以降低烟气流速，减少阻力损失。

（2）烟道应避免向下倾斜。烟道和烟囱相接时，应采取水平或倾斜向上，不要向下斜接。

（3）烧煤隧道窑的水平支烟道与总烟道连接时，应使水平支烟道的底部高于总烟道的底部。这样，在水平支烟道与总烟道相接之处不致堆积烟灰。

（4）烟道拱顶往往砌筑 180°，有时也采用 60°、120°的拱顶。但对温度较高、烟道断面面积较大或受振动影响大的烟道，采用 180°的拱顶较合适。采用 60°或 120°拱时，拱脚要进行加固，使之不致受力外移。

（5）烟道每隔 7m 左右留一条宽 15mm 的膨胀缝。

（6）烟道与窑或烟囱接口处，以及位于烟道上的负荷有显著变化的地方，应留有沉降缝。

（7）为便于烧煤隧道窑烟道检修和清理积灰，烟道上须开设检查口。检查口盖板应盖严，防止进入空气。检查口沿应高出地面 100mm 以上，防止水进入烟道。

（8）靠近窑的顶部需设测温孔和烟气取样孔（兼测压力），一般设在烟道闸板之前。

（9）在烟道刚离开窑的地方应安设闸板，一般设升降式闸板。

（10）烟道内如浸入水，则会使烟气温度降低，影响抽力，并且容易损伤烟道砖，使烟道使用寿命缩短。所以，在地下水位高的地方，应避免做地下烟道。如果确实需要做地下烟道时，烟道应设防水措施，并在烟道最低点留有集水井，以便在渗水时集中排出。

第七章　燃烧污染及防治

在燃料燃烧过程中，要排出大量燃烧产物，其中的烟尘、SO_2、NO_X 等都给大气造成了污染。各种污染物的浓度一旦超过环境所允许的浓度极限，就会导致大气质量恶化，影响人的健康，使各种生物及设备直接或间接遭到破坏。

一、二氧化硫

SO_2 是无色有刺激性的气体，主要导致上呼吸道的疾病，此外，SO_2 对动物、植物也有损伤，对建筑物材料等有腐蚀作用。

（一）对 SO_2 污染的防治和管理采取的途径

（1）提高窑炉热效率，降低燃料消耗量，这样不仅节约了燃料，而且排放烟气中的 SO_2 含量也随之减少，因此降低热耗本身就是一项很重要的治理措施，应予以重视。

（2）高烟囱排放。这种做法可以降低污染源区域的污染浓度，但高烟囱排放不能从根本上消除污染，只能解决局部、暂时性的问题。

（3）燃料脱硫。燃料脱硫是指在燃烧之前把燃料中的硫除去。燃料脱硫的方法很多，如把固体燃料转换为气体、液体燃料。在转换过程中脱硫，还可以采用洗煤、重油加氢脱硫等方法。

（4）燃烧脱硫。在外燃粉煤中加入一定量的脱硫剂（石灰或石灰石），在窑内边燃烧边脱硫，使 SO_2 与脱硫剂形成硫酸钙，随灰渣排出。

（5）排烟脱硫。即在排烟过程中进行脱硫，排烟脱硫可在消除大气污染的同时回收硫。排烟脱硫的方法很多，当前烧结砖瓦隧道窑用得较多的是双减法脱硫。

（二）双碱法烟气脱硫

双碱法的主要思路是用钠碱水溶液作吸收剂，在脱硫塔内直接与 SO_2 反应，然后在塔外的反应池中与钙碱（石灰或石灰石）进行置换反应，重新获得钠碱，获得再生的钠碱再进入脱硫塔内与 SO_2 反应。钠碱在脱硫系统内循环使用，只需要定期少量补充。

钠钙双碱法的化学原理如下。

1. 钠碱吸收 SO_2 反应

$$2NaOH + SO_2 \longrightarrow Na_2SO_3 + H_2O$$

$$Na_2SO_3 + SO_2 + H_2O \longrightarrow 2NaHSO_3$$

2. 亚硫酸（氢）钠的氧化副反应

$$Na_2SO_3 + \frac{1}{2}O_2 \longrightarrow Na_2SO_4$$

$$NaHSO_3 + \frac{1}{2}O_2 \longrightarrow NaHSO_4$$

3. 钠碱的再生反应

$$Ca(OH)_2 + Na_2SO_3 \longrightarrow 2NaOH + CaSO_3$$

$$Ca(OH)_2 + 2NaHSO_3 \longrightarrow NaSO_3 + CaSO_3 \cdot \frac{1}{2}H_2O + \frac{3}{2}H_2O$$

4. 亚硫酸钙的氧化反应

$$CaSO_3 + \frac{1}{2}O_2 \rightarrow CaSO_4$$

（三）钠钙双碱法脱硫的基础参数

（1）烟气的流量（Nm^3/h）。

（2）烟气中的含硫量（mg/Nm^3）。

（3）烟气中的含尘量（mg/Nm^3）。

（4）烟气的温度不宜超过制作脱硫塔（吸收塔）有机材料的最高耐热温度。

（5）如烟气温度过高，应对其进行水冷却。

（6）控制烟气在塔内吸收 SO_2 区段的停留时间不小于3s。

（7）控制烟气的塔内流速为 $3\sim3.5m/s$。

（8）确定塔的内径（m）。

（9）确定塔在吸收 SO_2 区段的高度（m）。

（10）确定塔的顶端距地平面的高度为大于或等于15m（塔顶应预留污染物排放检测孔）。

（11）确定钠碱与水的质量比（固液比）为：$10:90\sim15:85$。

（12）确定钠碱吸收剂（液）与烟气比（液气比）为 $5L/m^3$。

（13）确定塔内钠碱吸收剂（液）喷淋层数为 $3\sim4$ 层。

（14）确定塔内钠碱吸收剂（液）喷淋雾滴大小，在烟气流速不大的情况下，雾滴应适当小一些，以利于增加钠碱雾滴与烟气接触面积，从而提高吸收 SO_2 效率。但在烟气流速较大的情况下，过小的雾滴又会随气流带出塔外，不但会造成钠碱损失，而且会污染周边环境；雾滴应该力求分布均匀。

（15）确定喷淋雾滴覆盖率为 $200\%\sim300\%$。

（16）控制经 NaOH 吸收剂吸收 SO_2 后的循环液 pH 为 $5\sim8$。

（17）控制经再生后的 NaOH 溶液返回塔的 pH 为 $9\sim11$（保持较高的碱性环境，以便对 SO_2 有较高的吸收率）。

（18）确定石灰脱硫剂的有关参数；有效氧化钙含量最好大于 75％，最低不小于 60％；如用石灰石粉作脱硫剂，碳酸钙含量最好大于 90％。石灰浆液细度为 200 目筛余小于 10％，钙硫比大于 1，在再生池中 $CaSO_3$ 氧化成 $CaSO_4$ 的时间为大于或等于 2h。

（19）塔内的除雾器应设置便于维修的冲洗装置，并定期冲洗，以免出现堵塞。经除雾器除雾后，塔出口烟气中雾滴的浓度要求小于 $75mg/m^3$。

（20）石灰存储仓中石灰的存储量大于或等于 7d 的使用量。

二、氮氧化物

燃烧生成 NO_X 主要有两个途径，其一是燃料中的氮氧化物在燃烧过程中分解、氧化生成的，这和 SO_2 的生成途径相似，都是来自燃料，不同的是燃料中的氮不是全部转化为 NO_X，其生成量和燃料中的氮含量及燃烧条件有关；NO_X 生成的另一条途径是供燃烧用的空气中的氮和氧在高温下反应生成的，即在高温下把无毒的氮和氧化合成有毒的 NO_X，其生成量与火焰温度、烟气中的氧含量等因素有关。

NO_X 所造成的危害在某种意义上比 SO_2 还大，对人体的影响主要是对肺部的影响，当空气中含 NO_X 达 $10mg/m^3$ 时，就会感到强烈的臭味，大于 $100mg/m^3$ 时，1min 内不能正常呼吸。对于生物、设备的影响和 SO_2 类似。

NO_X 和 SO_2 一样属于酸性气体，在治理上有不少共同之处，而多数是用控制燃烧的方法达到治理的目的。特别是在保证燃料完全燃烧的前提下采用低的过剩空气系数时，由于氧几乎全部与燃料化合，使得氮没有和氧结合的机会，从而达到少产生 NO_X 的目的。

三、烟尘

烟尘主要是由没有完全燃烧的微小碳粒以及随废气排出的灰分组成。颗粒较大的烟尘（直径大于 $10\mu m$），一般都在发生地附近降落，而直径小于 $10\mu m$ 的颗粒则长时间漂浮于大气中，直径小于 $3\mu m$ 的微粒比起粗粒危害更大，特别是直径小于 $0.01\sim0.1\mu m$ 的微粒，有 50％会在肺的深处沉积下来难以排出，严重危害人体健康。

为了消除烟尘，就要合理选择燃料并组织好燃烧过程。一般说来，燃烧气体产生的烟尘很少；选用液体燃料，当燃烧不安全时，烟囱将冒大量黑烟，不仅造成环境污染，而且浪费了燃料，破坏了窑炉正常的热工制度，因此燃烧重油时更应注意合理地组织燃烧过程；固体燃料在向窑内加煤时，易产生大量烟灰。

烟气中如含有烟尘，在进入烟囱之前应予以清除，常采用的除尘设备及方式有如下几种。

1. 重力除尘器

重力除尘器是利用尘粒的重力使尘粒自然沉降，如重力除尘室。这种设备适用于处理直径 $20\sim40\mu m$ 的尘粒，构造简单但效率低。

2. 离心除尘器

离心除尘器利用旋转运动产生的离心力，将粉尘从气流中分离出来，如旋风除尘器。这种除尘器适用于处理直径 $5\mu m$ 以上的微粒，该设备效率较低，但小颗粒易逸逃。

3. 洗涤除尘器

洗涤除尘器是使灰尘与洗涤液相接触，利用液滴与灰尘的作用清除气体中的灰尘，它适用于直径 $1\mu m$ 以下的微粒。这种洗涤器包括重力喷淋洗涤塔、离心洗涤塔、文氏管洗涤器等。洗涤除尘器对气体温度、湿度都没有限制，对含 SO_2 的气体可以选用适当的洗涤液加以中和。但洗涤所产生的废水，还需要一套废水处理系统，而且有些废水含有腐蚀性物质，使处理变得更加困难。

4. 袋式除尘器

袋式除尘器是清除细尘粒的一种有效的除尘设备，除尘效率高，用玻璃纤维作滤袋，一般可承受 $250\sim300℃$ 的温度。采用金属纤维滤袋，可承受 $400℃$ 的温度。

5. 电除尘

电除尘适用于直径大于 $0.05\mu m$ 的尘粒，最大捕集能力达 $0.001\mu m$，可适用于不同性质的温度达 $500℃$ 的气体除尘。但由于在除尘器中烟气流速小，因而设备体积庞大，加之需要高压直流电源，所以造价高。

为了减少烟尘及有害气体对周围大气的污染，除采取上述各项措施外，可在厂区周围植树造林，利用植物吸收 CO_2 和 SO_2 的本能吸收一部分有害气体，并利用林带对大气中灰尘的阻挡、过滤作用，限制污染范围。

第八章　多拼式大断面隧道窑

一、概述

所谓多拼式大断面，即在隧道窑的窑体内，设置若干条窑车轨道，使多排窑车同步或不同步在窑内运行，以达到合理干燥、焙烧的目的。按照需要，窑内可设计为双拼式、三拼式、四拼式等。

多拼式大断面隧道窑是河南亚新窑炉有限公司在砌筑式隧道窑、装配式隧道窑、移动式隧道窑的基础上，经多年研究和反复实践开发的一种新型窑炉，属国内首创（专利号：2019209301089）。

多拼式大断面隧道窑采用大跨度轻质窑顶结构，取消了全部内窑墙，从而可以实现小型窑车的多拼组合，增大窑的内宽，达到增大窑断面的目的。

和传统隧道窑相比较，建造多拼式隧道窑所需投资较少，占地面积也较小。值得一提的是：①该窑的温控系统可以使不同品种制品的焙烧温度和焙烧时间智能化控制，解决了传统大断面隧道窑横断面温差大、自动控制程度低的技术难题；②该窑采用烟气复烧和余热循环利用技术，减少了烟气排放量，提高了热能利用率。

多拼式隧道窑研究成功和推向市场，使原来大断面隧道窑所配备的笨重、易损、操作维修困难的大窑车，被灵巧、轻便、便于操作维修的小窑车取代；使原来使用的令人头疼的窑车的诸多缺点迎刃而解，为大断面隧道窑的发展清除了一大障碍。

二、多拼式隧道窑的工作原理

装载着湿坯体的窑车由自动运转系统送入干燥窑，干燥窑的进车端采用双层窑门设计。干燥介质为焙烧窑中的余热和烟热。干燥窑内排出的高含氧烟气，通过烟气复烧系统送入焙烧窑的冷却带进行复烧；而干燥窑内排出的高湿烟气，送入烟气净化系统进行净化处理后排出。

经干燥后的坯体由窑车运转系统送入焙烧窑，焙烧窑的进车端采用双层窑门设计。窑车在焙烧窑内依次经历预热、焙烧、冷却三带。窑车之间采用双道密封设计，以确保其具有较高的气密性，分布在窑体各个部位的传感器，将数据及时传至控制室自动处理。烧成后的成品通过窑车运转系统，送至出成品道等待卸窑车、打包。出成品后的空窑车进入码坯等待线，进行其面层的清扫，等待进入下一循环。

三拼焙烧窑和二拼干燥窑如图 8-1 所示。

图 8-1　三拼焙烧窑和二拼干燥窑

五拼焙烧窑和三拼干燥窑如图 8-2 所示。

图 8-2　五拼焙烧窑和三拼干燥窑

二拼焙烧窑和二拼干燥窑如图 8-3 所示。

图 8-3　二拼焙烧窑和二拼干燥窑

三、多拼式隧道窑的工作制度

（一）压力制度

压力制度即制品在热处理过程中，控制窑内气体压力分布的操作制度。对隧道窑来讲，是指压力随不同车位的变化，这种压力变化绘制成的曲线称为压力曲线。窑内压力制度决定窑内气体流动，影响热量交换、窑内温度分布的均匀性以及气氛的性质，是保证实现温度制度和气氛制度的重要条件。总之，压力制度合理与否对制品在窑内焙烧效果产生较大的影响。

实践证明，多拼式隧道窑的预热带和焙烧带前段采用了微负压，控制在$-25\sim-5$Pa；冷却带和焙烧带后段采用了微正压，控制在$+5\sim+25$Pa 较为理想。预热带和焙烧带前段的微负压是抽风机引起的，它拉动了火的前进；冷却带和焙烧带后段为微正压，可促使高温焙烧段的横断面温度均匀，同时也推动火前进。零压点位于焙烧带的中部。

须知，隧道窑内的窑车上下是互相渗透、互相制约、互相影响的。如果处理不好，会给焙烧带来不良后果。如预热带的车上负压过大，就会从砂封、窑体、窑车不严处吸入大量冷风，这些冷风入窑后带来的害处是：①由于冷风体积密度大，热风体积密度小，造成气体分层，加大上下温差，致使窑车底部坯体预热不足；②吸入的冷风被加热，消耗大量热能；③增大排烟风机的负荷，影响抽力的发挥和调整，零压点位置难以控制。如焙烧带后段和冷却带正压过大，造成火焰或热风下窜，车下温度升高，致使窑车金属部分变形、开裂，窑车轴承润滑油结焦，窑车运转不灵活，增加推车机负荷，甚至导致窑体损害事故。

为了确保多拼式隧道窑能够长期正常运转，就必须使车上和车下分隔开来，尽量减少互相干扰，特采取以下两种办法：①加强"静态密封"，即高度重视曲封、砂封、车封，并在车下的适当部位设置挡墙；②采用"动态密封"，即借助风机的作用，实行车上和车下均压，造成车上和车下压头对抗。也就是说，在车下创造一个与车上相近的压力曲线，使车上和车下的压差趋于零。实行"动态密封"后，就可以有效地阻止焙烧带后段和冷却带的火焰或热气下窜，同时也可避免预热带从车下吸入冷空气到车上。

（二）温度制度

多拼式隧道窑制定温度制度的原则是，在确保烧成质量的前提下，实现快速烧成，以达到高产、低耗的目的。

制定温度制度主要考虑的因素：

（1）根据坯体的化学成分和矿物成分可确定所属相图，以及胀缩曲线及显气孔率曲线，可以初步判断烧成温度（一般为$900\sim1000℃$），以及在焙烧过程的不同温度阶段分解气体量的多少。

（2）根据差热曲线了解坯体砂、放热情况，以及坯体尺寸和坯体力学、热物理性能的测定，再通过综合判断，可确定制品各阶段极限升温速率和最大供热速度。

（3）窑炉结构特点、码窑图、燃料种类、供热能力大小以及调节的灵活性。

（4）调查了解同类原料和产品的生产和试验资料。

多拼式隧道窑的实践经验证明，在窑内各个横断面温度趋于均匀一致的情况下，任何阶段升温速度高达200℃/h，对制品质量无影响。长时间的焙烧，不仅增加燃料消耗和人力浪费，而且影响了窑炉及其附属设备的有效利用，牵制了生产能力的发挥。因此，缩短焙烧时间，加速窑的周转，是值得进一步研究的问题。

（三）气氛制度

所谓"气氛"，即在焙烧过程中，窑内气体所具有的性质。主要有氧化、还原两种。当含有过剩的氧气时，称氧化气氛，红色砖瓦一般是在氧化气氛中焙烧；当含有一定量的一氧化碳时，称还原气氛，青色砖瓦一般是在还原气氛中焙烧。

目前，多拼式隧道窑宜在氧化气氛中焙烧红色砖瓦。

应该指出的是，在获得合理焙烧条件的前提下，不要随意增大过剩空气系数，因为经过焙烧带的过剩空气系数 α 每增加1，热效率约下降6%。

四、多拼式隧道窑的砂封和车封

鉴于多拼式隧道窑中的窑车数量众多，可能的漏气点多，为了确保窑在运行过程中具有较高的气密性能，以刘勤锋为首的研究组采取了多种措施并取得令人满意的效果。下面列举两种。

1. 砂封

砂封槽中使用的砂子严格控制在直径为5~7mm的占30%，细颗粒无尘的占70%。砂封板插入砂子的深度不低于50mm。采用自动加砂，避免砂封槽中缺砂或填充度不够。

2. 车封

采用一种独特的窑车并列密封结构。

窑车并列密封结构如图8-4所示。

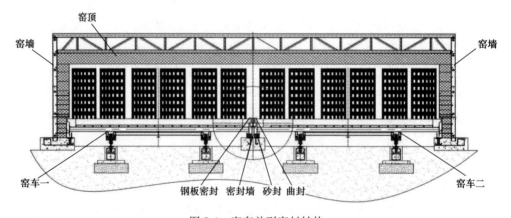

图8-4　窑车并列密封结构

窑车并列密封结构放大如图 8-5 所示。

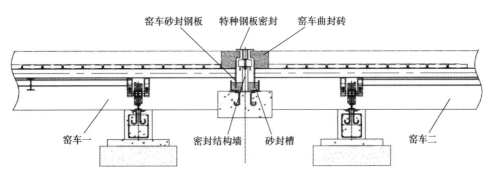

图 8-5　窑车并列密封结构放大

多拼式隧道窑问世还未满 5 年，就在河南、湖南、山西、内蒙古等地建成若干条，深受用户欢迎。

湖南省常德市某砖厂的三拼式隧道窑如图 8-6 所示。

山西省运城市某砖厂的双拼式隧道窑如图 8-7 所示。

图 8-6　常德市某砖厂的三拼式隧道窑

图 8-7　运城市某砖厂的双拼式隧道窑

五、今后多拼式隧道窑的研究方向

为了适应国家墙材革新形势的发展，研究组将对多拼式隧道窑的以下课题进行深入研究：

（1）在劣质原料大量用于制作砖瓦的趋势下，能"粗粮细做"烧出高质量的产品。

（2）更充分地利用各种含有热能的资源，努力降低燃料消耗，进一步提高热效率；寻求充分利用余热、废热的途径。

（3）对用固体煤作燃料的窑，研究高效、适用的机械化燃料装置代替人工加煤，且为进一步实现自动调节、控制加入窑中的煤量创造条件。

对用液体或气体作燃料的窑，努力改进烧嘴，采用高速等温烧嘴。

（4）研究、改进窑用耐火材料，以提高窑的保温性能和使用寿命。

（5）鉴于砌筑窑体用钢量较大，尤其是窑车制作耗用大量钢材，因此将研究节约金属材料的途径。

（6）研究加速多拼式隧道窑施工的途径。多拼式隧道窑堪称庞然大物，施工砌筑工程量大，要求严格，施工周期长，难以快速投产。因此，将研究预制装配式多拼式隧道窑的加工、制造和装配的方法，以促进此类先进窑型的发展。

（7）研究机械化、自动化码、卸窑车以及进、出窑的方法，进一步减轻体力劳动，改进和完善劳动条件。研究、推广计算机在窑上的应用，研究推广多拼式隧道窑的数字模型，并建立窑的热工最优控制方法的理论和实践系统。

六、多拼式大断面隧道窑的企业标准（Q/HY 01—2020）

1 范围

该企业标准规定了多拼式大断面节能隧道窑的术语和定义、分类、技术要求、检验方法、检验规则、质量评定、标志和标签、包装、运输、贮存。

该企业标准适用于生产普通砖、多孔砖、空心砖、装饰砖和空心砌块等产品烧结、烧成温度在1200℃以下的热工设备。

2 规范性引用文件

下列文件对于该企业标准的应用是必不可少的。凡是注日期的引用文件，仅所注日期的版本适用于该企业标准。凡是不注日期的引用文件，其最新版本（包括所有的修改单）适用于该企业标准。

GB/T 700—2006　　　碳素结构钢

GB/T 709—2019　　　热轧钢板和钢带的尺寸、外形、重量及允许偏差

GB/T 1221—2007　　　耐热钢棒

GB/T 6728—2017　　　结构用冷弯空心型钢

GB/T 8923.1—2011　　涂覆涂料前钢材表面处理 表面清洁度的目视评定 第1部

分：未涂覆过的钢材表面和全面清除原有涂层后的钢材表面的锈蚀等级和处理等级

GB/T 11835—2016　　绝热用岩棉、矿渣棉及其制品

GB/T 16400—2015　　绝热用硅酸铝棉及其制品

GB/T 18968—2019　　墙体材料　术语

GB 50202—2018　　建筑地基基础工程施工质量验收标准

GB 50203—2011　　砌体结构工程施工质量验收规范

GB 50204—2015　　混凝土结构工程施工质量验收规范

GB 50205—2020　　钢结构工程施工质量验收标准

GB 50236—2011　　现场设备、工业管道焊接工程施工规范

GB 50251—2015　　输气管道工程设计规范

GB 50264—2013　　工业设备及管道绝热工程设计规范

GB 50300—2013　　建筑工程施工质量验收统一标准

GB 50309—2017　　工业炉砌筑工程质量验收标准

GB 50601—2010　　建筑物防雷工程施工与质量验收规范

GB 50169—2016　　电气装置安装工程　接地装置施工及验收规范

JC/T 982—2005　　砖瓦焙烧窑炉

JC/T 406—2006　　水泥机械包装技术条件

JC/T 428—2007　　砖瓦工业隧道窑热平衡、热效率　测定与计算方法

3　术语和定义

多拼式大断面节能隧道窑：根据工艺要求在工厂分节（模块）制造，现场组合安装、窑炉内部并排排列两台及以上窑车的砖瓦焙烧窑炉。

耐热钢挂件：用来连接耐火制品（吊棉模块等）的耐热钢结构件。

安装节：即安装元（片、档），用于工厂组装化分段（片）制造时，根据工艺及设计要求在现场组合安装的最小基本安装单位。

吊棉模块：作为吊装组件的基本单位，用以组成窑炉顶部、窑墙体耐热材料的硅酸铝纤维模块。

拖棉板：用以组成支撑与保护墙体耐热材料的一种装置。

4　类型及标记

4.1　多拼式大断面节能隧道窑的类型特征见表1。

类型特征　　　　　　　　　　　　　　　　　　　　　　　　　　　　　表1

所属行业	类型名称	代号	主要特征
建材行业 窑炉焙烧设备	多拼式大断面 节能隧道窑	DDS（多拼式 大断面隧道窑）	1. 窑炉内部并排排列两台及以上窑车
			2. 每安装节（或安装元）为一个装配组合最小单位

4.2 多拼式大断面节能隧道窑表示方法如下：

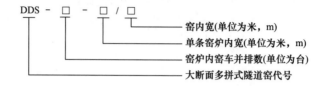

示例：

符合该企业标准，窑内宽9.6m，由2台4.8m隧道窑双拼而成的隧道窑，型号表示如下：

DDS-2-4.8/9.6

5 技术要求

5.1 基本参数

5.1.1 多拼式大断面节能隧道窑基本参数见表2。

多拼式大断面节能隧道窑基本参数　　表2

窑内宽（断面，m）	窑底面以上内高（m）	日产量（万块，折普通砖）	热耗（kJ/t）
7.6		≥25	
9.6		≥30	
11.38	1.2～2	≥35	符合标准
11.8		≥40	
14.88		≥50	
17		≥60	

5.1.2 多拼式大断面节能隧道窑整体性能要求：

窑炉必须按照经批准的图纸和相关技术文件施工。

窑炉正常运转第一次大修期不低于5年。

窑炉主体部位不允许出现影响热工性能的破坏性裂纹、位移、坍落、漏气、蹿火现象。

窑炉能耗指标应符合相关规定。

5.2 安装节组件及制作

5.2.1 多拼式大断面节能隧道窑炉的组件制作必须按经批准的图纸和相关技术文件进行，也可以在工厂加工或在施工现场制造。所使用的主要材料应符合工程设计文件要求和相应产品标准规定，并应附有合格证明文件。

5.2.2 窑炉安装节钢体焊接进行前，宜先进行试预装，在平台上进行基准面的机械部件加工，然后按照设计图纸进行整体预拼装，确保各连接件能够拼装顺利，连接紧固牢靠，而后批量制作。

5.2.3 组件制作钢结构要求：

5.2.3.1 耐热钢结构的材质应符合GB/T 700—2006中Q235的规定，其尺寸、外形、重量及允许偏差应符合 GB/T 709—2019、GB/T 6728—2017 的规定。

5.2.3.2 组件焊缝高度不得小于被焊件最小壁厚。

5.2.3.3 组件焊缝不得有裂纹、烧穿、夹渣及未焊透等缺陷。

5.2.3.4 组件焊后所有焊缝必须铲平、磨平。

5.2.3.5 组件焊后校形，不平直度不大于 1/1000；对角线测量，其偏差不大于 1/1000；侧面与顶面垂直度不大于 1.5/1000。

5.2.3.6 组件完成后其平面度误差不大于 2/1000；对角线偏差不大于 1/1000。

5.2.4　吊棉模块及制作要求：

5.2.4.1 吊棉模块的材料技术性能须符合 GB/T 16400—2015 和 GB/T 11835—2016 标准中的技术要求，并应附有合格证明文件。

5.2.4.2 在吊棉模块制作时，窑炉高温焙烧烧结、预热、冷却的各个分段保温隔热材料须按照设计文件和技术要求采用不同技术指标的高纯硅酸铝纤维毡、普通硅酸铝纤维毡、岩棉等保温材料。

5.2.4.3 在吊棉模块施工前，必须检查整节窑炉安装节组件安装是否合格，尺寸是否准确，定位是否合理，焊接、螺栓是否紧固，无误后方可进行下一步操作。

5.2.5　耐热钢挂件：

5.2.5.1 耐热钢挂件的材质应符合 GB/T 1221—2007 的要求，不允许有裂纹、缺损、扭曲和毛刺等缺陷。

5.2.5.2 耐热钢挂件应该具有可调性和互换性。

5.2.5.3 耐热钢挂件不可以与明火直接接触。

5.2.5.4 耐热钢挂件安装应牢靠，位置应准确。

5.3　窑炉基础

5.3.1　窑炉地基基础开挖的地基承载力应达到设计要求，并保证地质均匀性。

5.3.2　窑炉及附属设备基础应符合 GB 50204—2015、GB 50205—2020 的要求。

5.3.3　隧道窑轨道安装应符合设计要求：

a）铺设前，轨道应校正，材质符合标准。

b）轨道安装时，混凝土浇灌强度未达到 70％以前，不应在轨道范围内进行任何工程和通行。

允许偏差：

钢轨中心线与隧道窑中心线偏差±1mm。

钢轨水平偏差：±2mm。

钢轨接头间隙偏差：＋2mm，－0mm。

钢轨接头高差：±0.5mm。

5.3.4　地下烟道砌筑应符合 GB 50203—2011 的要求。

5.4　窑炉主体及组装

5.4.1　窑炉宜分段组装，按节依次顺序进行操作，完成本窑体安装节节段所有工作后方可进行下一阶段。

5.4.2　窑炉窑体各个安装节组装完毕，宜清理焊渣，表面打磨至光滑平整，喷涂面漆。

5.4.3　相邻两节窑体安装节之间间隙误差±2mm，钢结构分段组装时，两安装节之间间隙应适时调整，适时校正，防止产生窑体全长度系统性、累积性误差。

5.4.4　窑体拼装：窑体拼装包含窑炉顶吊棉模块施工和窑墙吊棉模块及窑墙顶连接的施工内容。

5.4.4.1　窑顶、窑墙各位置的吊档厚度应分别符合设计文件的要求。

5.4.4.2　窑顶、窑墙拼装前须去除表面污泥及其他杂物。

5.4.4.3　窑墙站立时须保证窑墙前后左右均垂直，窑体内壁面垂直度误差不大于2mm。

5.4.4.4　在吊棉模块、保温层进行吊装时，须按照设计要求，根据窑体结构采用不同材料和不同厚度。吊装铺设时宜分层进行，错缝施工，不允许产生通缝。窑顶吊棉模块平面度误差不大于5/1000，窑顶、窑墙的吊棉模块材料安装间隙为-1~1mm，完成组装后，应清除包装层。

5.4.4.5　大梁与窑墙连接处、各连接型材接头处均应满焊；窑墙钢板内外双面焊接，内外焊缝错开，焊缝须左右对称。窑墙钢板焊缝长度不小于50mm，焊缝间隔均匀且不大于300mm。窑墙连接杆焊接时不允许出现假焊、气孔等缺陷，焊缝均匀美观。焊接完成后材料表面不允许有凸凹不平的现象。

5.4.4.6　窑墙连接档焊接完成后窑墙宽度误差不大于2mm/m；窑墙与大梁连接后两大梁对角线长度误差±5mm。

5.4.4.7　涂料喷涂宜均匀，不允许出现漏喷现象。

5.5　窑炉管路系统及附属设备

5.5.1　窑炉附属设施包含（包括但不限于）窑门、窑炉转动设备、风机、通风管道、燃烧系统及控制系统、安全扶梯等附属设施，应按设计文件要求进行制作、安装。

5.5.2　窑门制作和安装应符合JC/T 982—2005中第5.6.3.1款和第5.6.3.2款的规定。

窑门支架安装时，垂直度的允许误差不应大于1mm/m；窑门安装完成后应手工盘活，并应检查窑门升降无碰擦。窑门中心线与窑炉中心线相对位置允许偏差不应大于3mm。

5.5.3　管道及辅助设备应符合JC/T 982—2005中第5.6.4条的规定。

窑炉通风管道的连接应符合有关技术要求，窑炉排烟管道和换热管道安装应密封不漏气，并按照设计要求，安装尺寸准确无误后再实施隔热保温。

5.5.4 附属设备基础宜与窑炉基础同时施工，同时砌筑各孔道、通风口等，确定砌体冷态尺寸和膨胀间隙，并按设计要求预留膨胀尺寸。

5.5.5 窑门安装时，宜在窑头两侧底部焊接刮土钢板，刮出砂封槽。刮土板下平面低于道轨10mm。焊接砂封板时须正反两面与窑墙下横撑焊接牢固。

5.5.6 投煤平台、送热管道、预热管道等附属设备完成安装后，按照设计文件要求宜进行必要的支撑、斜拉等附设加固项目，全部支撑加固项目焊缝须满焊。

5.5.7 管道喷涂：防腐喷涂前，钢材表面除锈应符合设计文件和GB 8923.1—2011中的有关规定。成品表面涂漆应达到均匀，色泽美观大方、光亮、平整；无裂纹、无气泡、无漏漆、无流挂、无自然脱落现象。

5.5.8 钢梯、安全平台按照设计要求，同时应符合国家现行有关安全标准的规定。钢梯应设置在窑炉外侧。

5.6 窑炉烘烤

5.6.1 窑炉烘烤应在工程竣工验收后方可进行。

5.6.2 烘烤前应检查的内容包括：

5.6.2.1 检查窑门、管道阀门开启灵活性。

5.6.2.2 附属设备应全部空载和载荷调试完成。

5.6.3 窑炉烘烤应预先制定烘烤方案。窑炉设备初次升温应按要求的温升曲线进行。

6 试验方法

6.1 窑炉安装完毕后，须完成下列工作以备检验：

a）按照设计图纸，先对窑炉主体组装以及附属设施全面检查，修正不合格项。

b）应将窑通道内、膨胀缝内、轨道接头、砂封槽内及接头、测量孔及观察孔内杂物清理干净。轨道面用钢刷刷净。

c）砂封槽内填充细度7~12目、深度不低于100~130mm的石英砂。

d）窑炉应进行试运转。

e）准备相关的验收资料，以及各个材料的质量合格证明文件，并且检查窑体及附属设备组装质量，轨道安装误差；检查每安装节组件及制作的加工质量，对不合格部位及时予以修复。

6.2 窑炉检验方法如表3所示。

窑炉检验方法 表3

项次	项目		检验方法
1	基本参数	应符合表2的规定	1. 尺量检查。 2. 实测计算产量（见该企业标准第8.3节规定）。 3. 检测热耗及计算（见该企业标准第8.3节规定）

续表

项次	项目		检验方法
2	施工材料要求	1. 钢结构材料不低于 GB/T 700—2006 中 Q235 的有关规定，尺寸、外形、重量及允许偏差符合 GB/T 709—2019、GB/T 6728—2017 的有关规定	1. 钢结构材料依据 GB/T 700—2006 和 GB/T 709—2019、GB/T 6728—2017 中的规定检验或抽样试验。 2. 检查材质试验报告
		2. 耐火材料符合 GB/T 2992.1—2011、GB/T 3994—2013、GB/T 3995—2014、YB/T 5267—2013 的有关规定	1. 耐火材料依据标准抽样试验或检验。 2. 检查材质试验报告
		3. 保温及隔热材料符合 JC/T 209—2012、JC/T 810—2009、YB/T 5083—2014 的有关规定	1. 保温及隔热材料依据标准抽样试验。 2. 检查材质试验报告
		4. 耐热挂件符合 GB/T 1221—2007 的有关规定	1. 耐热挂件依据 GB/T 1221—2007 的规定检验。 2. 检查材质试验报告
3	线尺寸	1. 窑体及所有各种气道的纵向中心线 2. 窑体内壁的宽度	目测，尺量检查。每 5m 检查一处
4	垂直度	1. 内壁 2. 外壁	吊线检查。每 5m 检查一处，每处上、中、下各检查一点
5	内标高	窑顶面	水准仪检查。每 5m 检查一处
6	窑内表面平整度	1. 内墙 2. 窑顶面	2m 靠尺检查。每 5m 检查一处
7	膨胀缝	留设符合设计要求，缝内杂物清理	目测检查，全数检查
8	总长宽度	1. 窑总弧长度 2. 窑内宽度	尺量检查。每 5m 检查一处
9	钢结构焊接	1. 焊缝高度不得小于被焊件最小壁厚 2. 焊缝不得有裂纹、烧穿、夹渣及未焊透等缺陷 3. 焊后所有焊缝必须铲平、磨平 4. 焊后校形，不平直度不大于 1/1000；对角线测量，其偏差不大于 1/1000；侧面与顶面垂直度不大于 2/1000	目测，尺量检查
10	窑门及附属设施	1. 窑门应焊接牢固、运转灵活、运行平稳，密封性能好 2. 各种热风管道、闸门及附属设施应焊接牢固，尺寸准确，不允许有碰、撞、擦、泄漏现象	实测检查，全数检查
11	喷涂	1. 防腐喷涂前，钢材表面除锈应符合设计文件和 GB/T 8923.1—2011 中的有关规定 2. 表面涂漆均匀，色泽美观大方，光亮、平整；无裂纹、无气泡、无漏漆、无流挂、无自然脱落现象	目测检验，全数检查

注：尺量检查用尺分度值为 0.5mm。

6.3 窑炉基础及附属烟道、设施所使用的烧结砖的检验依据 GB/T 5101—2017 的规定执行。

7 检验规则

7.1 窑炉的质量检验分为窑炉形式检验（基本参数检验）和出厂检验（即窑炉安装工程质量检验）。窑炉工程竣工后，正式交付使用时须进行窑炉基本参数检验。

7.2 执行 JC/T 982—2005 中第 7.1 节的规定，窑炉安装工程质量，应按分项、分部和单位工程划分进行检验和评定，一条隧道窑应确定为一个分部工程。分部工程宜划分为基础、窑墙、窑顶、附属管道及设备等分项工程。当一个单位工程仅有一个分部工程时，该分部工程即为单位工程。该企业标准一条移动式隧道窑即为一个单位工程。

7.3 窑墙和窑顶部分安装节的钢结构可设一个钢结构分项工程。

7.4 窑炉基础以及附属设施部分的分项工程质量检验和质量评定应按 GB 50202—2018、GB 50203—2011、GB 50204—2015、GB 50300—2013 的规定进行。其中，作为合格标准的主控项目应全部合格，一般项目合格数应不低于 80%。

7.5 窑炉的能耗指标由专业检测机构依据相关国家标准及规范进行检验并出具检测报告。

7.6 出厂检验

7.6.1 窑炉设备应由制造厂质检部门检验合格，并签发合格证后方可出厂。

7.6.2 出厂检验项目为该企业标准中第 5.1.1 条中表 2 和第 6.2 节中表 3 内容。

7.7 形式检验

形式检验应检验该企业标准规定的全部项目，有下列情况之一时，应进行形式检验：

a）窑炉竣工及投产验收时。

b）窑炉停产半年以上或经过大修时。

c）窑炉能耗指标超过行业标准规定时。

d）国家相关监督机构提出要求时。

8 质量评定

8.1 窑炉的分项、分部、单位工程质量，均分为"合格""优等"两个等级。分项工程、分部工程、单位工程的质量等级可参照 GB 50309—2017 中的相关规定进行评定。

8.2 窑炉单位工程质量检验评定程序及组织按该企业标准第 7.1 节、第 7.2 节、第 7.3 节、第 7.4 节的要求进行。同时，可参照 GB 50309—2017 中单位工程（即该企业标准规定的一条窑炉）的质量等级的相关规定评定。

8.3 窑炉基本参数检验按照 JC/T 982—2005 中第 8.3 节的规定，应在试生产并应正常运转开始两个月内检验。其单条窑炉日产量达到表 2 值的 60% 时，即为合格。

8.4 窑炉分项工程、分部工程、单位工程质量等级应符合该企业标准中的质量等级规定，质量评定等级还应符合表 4 的要求。

窑炉质量评定等级要求　　　　　　　　　　　　　　　　　　　　　　表 4

项目	质量评定等级要求	
	合格	优等
基础	①窑炉基础平面无开裂、塌陷、沉降及不均匀现象；②轨道安装误差符合该企业标准第5.3.3条的要求；全长方向标高误差＋8mm；③基础标高误差＋5，－10mm	①窑炉基础平面无开裂、塌陷、沉降及不均匀现象；②轨道安装误差：水平偏差＋0.5mm，钢轨接头＋1mm，全长方向标高误差：＋5mm；③基础标高误差＋3，－8mm；④烧结砖符合一等品规定
窑墙	①窑横断面尺寸误差宽度：＋10，－5mm，高度：＋10，－5mm；②窑体内壁面垂直度误差不大于3mm	①窑横断面尺寸误差宽度：＋10，－3mm，高度：＋10，－3mm；②窑体内壁面垂直度误差不大于2mm；③工程材料符合一等品质量要求
窑顶	①窑顶安装后不允许出现裂纹、缺角、下沉现象；②窑顶内标高误差：±5mm；③吊棉模块平面度误差不大于5mm/1000mm；④墙与大梁对角线误差±5mm	①窑顶安装后不允许出现裂纹、缺角、下沉现象；②窑顶内标高误差：±3mm；③吊棉模块平面度误差不大于3mm/1000mm；④墙与大梁对角线误差±3mm；⑤工程材料符合一等品质量要求
附属设施	①窑门、各种热风管道、闸门及附属设施应焊接牢固，尺寸准确，开启灵活，不允许有碰、磨、擦现象；②窑炉驱动应焊接牢固，运转灵活，行走平稳，安全可靠	①窑门、各种热风管道、闸门及附属设施应焊接牢固，尺寸准确，开启灵活，不允许有碰、磨、擦现象；②窑炉驱动应焊接牢固，运转灵活，行走平稳，安全可靠；③材质符合一等品质量要求
能耗	$<49.7×10^6$ kJ	$<41×10^6$ kJ

注：1. 窑炉轨道安装为其中关键项。
　　2. 窑炉钢结构、保温隔热等工程材料为关键项。实测应全部符合规定值。

9　标志和标签

9.1　窑炉安装完工后，应设置永久性窑炉识别标志和标签。

9.2　窑炉识别标志包括：产品名称；产品型号；制造厂名称、地址；制造日期、出厂日期、出厂编号、质量等级。

9.3　窑炉识别标志应镶嵌或固定于窑炉主体上，其位置宜处于易显示处。一条（座）窑炉至少应设置一个识别标志。

10　包装、运输和贮存

a）窑炉包装、运输和贮存应符合 JC/T 982—2005 中第10.1节、第10.2节、第10.3节的规定。

b）配套设备及附属项目包装、运输和贮存应符合 JC/T 406—2006 的规定。

第九章　不同特色的隧道窑

一、装配式隧道窑

（一）装配式隧道窑的结构

1. 窑顶结构

窑顶是装配式隧道窑的重要组成部分，它对窑的使用寿命有很大影响。窑顶使用的材料应质量轻、保温性能好，在高温环境中经久耐用。

常用的窑顶结构形式是平吊顶，窑顶构件用吊挂机构将其吊在顶面的钢梁上。吊挂的方法有两种：①两块构件之间的凹进部分和凸出部分互相咬合成一个整体，通过金属吊杆悬挂在梁上；②所有构件规格尺寸相同，每块构件上均设有吊挂机构，均被吊在窑顶上面的梁上。这样做，即使某块构件破损，也不会影响相邻构件的吊挂。

2. 窑墙结构

窑墙一般由三层组成。最里层为与高温接触的工作层，常用耐火砖砌筑；中间层为保温层，由各种轻质保温材料构成；最外层为围护层，材料一般为金属板材（如最外层金属材料和中间保温层制成构件，可保护中间保温材料不受到破坏）。

（二）装配式隧道窑的特性

装配式隧道窑亦称铠装式隧道窑，它是先在工厂进行制造，然后在现场装配的一种新型隧道窑。和传统的砌筑方式相比，其主要优点是：

（1）可以标准化、规模化生产，规格统一，系列配套，满足用户对不同产品的需要。

（2）可以按照国家能耗标准组织生产，达到节能降耗的目的。

（3）由于是标准化、规模化生产，可降低造价。

（4）全部组件在工厂中加工组装，现场仅需简单地安装，故工期短、见效快。

近年来，我国装配式烧砖隧道窑已建设了百余条，由于它的优越性逐步显现，受到不少使用砖厂的认可和好评。笔者调查了一些由河南亚新窑炉有限公司等建设且正在运行的装配式烧砖隧道窑，总的来讲，它具有十大特性：

（1）精准性。窑体每节组装件的长度为 3m，用螺栓连接，几何尺寸精准，且采用专门消除膨胀应力的结构，窑炉运行中不易变形。

（2）坚固性。采用厚 5mm 的钢板和坚固的 250H 钢结构骨架作为窑体外层，无腐蚀件，维护简单，安全可靠，使用寿命长。

（3）轻质性。由于窑体采用大量低密度纤维材料，和同规格的传统砌筑式隧道窑相比较，窑体重量减轻了50%左右，从而降低了对地基承载力的要求以及基础工程的造价。

（4）节能性。由于窑体采用大量纤维保温材料，和同规格的传统砌筑式隧道窑相比较，窑墙和窑顶蓄热约减少40%，热损失约减少20%，加之窑体气密性好，外界的冷空气侵入窑道内极少，燃料消耗量约降低25%。

（5）环保性。由于窑体气密性好，彻底消除了烟气泄漏散排点，且配置了高效除尘、脱硫设施，为烟气达标排放创造了有利条件。

（6）可控性。窑体设置了必要的调节闸阀，各台风机均配置了变频器，还配置了先进的窑温控制系统，从而增加了窑炉运行的灵活性、可控性，使窑道内的温度制度和压力制度保持精确、合理状态。

（7）高产性。窑车上下采用了有效的压力平衡技术，窑炉运行中的温度、压力等参数控制实现数字化管理，窑道内能一直保持较理想的热工制度，从而为快速焙烧创造了有利条件。

（8）可迁性。因窑体属装配式，当出现：①原料用完、②市场转移、③产权转移等情况时，可拧下连接螺栓，将各节组装件拆卸下来搬运至另一地点组装，重复使用。

（9）前瞻性。由于可以灵活调整预热、焙烧、冷却等各带划分，为不同性能原料的使用和不同规格产品的生产创造了条件。又由于"装配"的灵活性，为不同（固、液、气）燃料的使用提供了可行性。

（10）观赏性。装配式隧道窑外观整齐，加之涂刷色彩宜人的防锈保护漆，令人赏心悦目。

二、移动式隧道窑

据有关资料介绍，1972年1月，丹麦锡克堡的里斯勃罗瓦厂的一座自动化圆形隧道窑建成投产。其窑道形状是一个圆环截面，用于烧瓦。未能废除窑车。其特点是：作业时，窑车底部的轨道在辊轮上滑动，窑车与轨道作相对运动，装、出窑在同一侧面进行，便于搬运。燃料为液化气体。热耗为1380kJ/kg成品瓦（330kcal/kg成品瓦）。

另外，法国的一些砖厂采用自动旋转窑底的环形窑，该种窑以连续环形旋转窑底取代窑车，其特点是：①由于采用两厢式窑底，因而消除了窑车与窑车之间的接缝，改善了窑底的密封性能，减少了热损失。②窑底设置了"连续砂封"存放砂子，不存在砂子漏失问题，省去了经常补充砂子的操作。③利用旋转的窑底可在同一侧固定的位置连续装、出窑，便于搬运。不足之处是窑底在旋转过程中有时出现偏移现象。燃料为气化的燃油或煤气。

我国西安力元炉窑自动化设备有限公司的柏飞先生经过多年潜心研究，发明了移动式隧道窑（以下简称移动窑），并于1997年开始兴建第一座移动窑。该窑内宽4m，内高 1.5m，窑体长度 120m，窑体环形中心线直径 85m（周长约为 251m）。1998 年年底，该窑点火试烧成功，并获得"移动式隧道窑及采用该隧道窑生产黏土制品的工艺布局"和"环形输坯机及移动式隧道窑烧砖工艺系统"等多项发明专利。

我国自创的移动窑和丹麦的圆形隧道窑以及法国的旋转环形窑的主要不同之处在于：

①前者的窑体只占到环形窑道的 40%～45%，后者的窑体基本上占了全部环形窑道（只留了一个作为装、出窑的缺口）。②前者不用窑车及附属设备，后者需要窑车及附属设备。③前者窑体移动，坯垛不动；后者窑体不动，坯垛移动。

直行固定式隧道窑自 1751 年发明之后，长达 130 年未能用于生产，其中的一个关键问题是没有解决窑车上下空间的砂封问题。由于窑车上下漏气，造成窑内各段的断面温度差加大，影响窑车及附属设备的正常运转，降低了窑的产量和制品质量，增加了窑的能耗。而移动式隧道窑彻底甩掉了窑车及其附属设备这个包袱，这是一个成功，也给移动式隧道窑注入了强大的生命力和诱惑力。

在柏飞先生发明的基础上，二十余年来，移动式隧道窑获得了快速发展，在国内二十余个省市已建成投产几百条。根据原料性能、产品的规格大小、产量等要求，窑长从 120m 到 160m 不等；内宽也多种多样，有 4.5m、5.5m、6.8m、7.9m、8.8m、9.6m、10.8m、12.8m、14m 等。四川宜宾恒旭窑炉科技开发有限公司还建成了内宽 23.8m 的移动窑，是迄今世界上宽度最大的窑。日产普通实心砖高达 80 万块，这是带有窑车的窑无法做到的。

河南亚新窑炉有限公司建设的移动式隧道窑的主要特点：①窑上无风机；②全窑负压操作，各横断面温差小，故烧出的产品质量好；③火行速度高达 6～7m/h，产量高。

下面对环形移动式隧道窑谈点粗浅的看法：

1. 和轮窑相比较，环形移动式隧道窑的主要优点

（1）移动窑是在窑体外码坯垛，卸成品也是在窑体外进行的，人工操作条件好，而且装、出窑较易机械化。

而轮窑是在窑体内码坯垛和卸成品的，环境温度高、粉尘大，操作条件差，且装、出窑难以机械化。虽然国外的直通窑有用叉装、出窑的，但没有移动窑在外界操作方便。

（2）移动窑是定点焙烧，窑墙和窑顶的温度是不变的，属于稳定传热。

而轮窑是周而复始循环焙烧，因而也周而复始地加热冷却，窑顶和窑墙属于不稳定传热。就这一点来讲，移动窑的热能利用效率高于轮窑。

（3）在生产正常的情况下，移动窑的闸阀提法一旦确定，无须再动。

而轮窑随着火的走动，需频繁启、落闸阀，较麻烦。

（4）移动窑的闸阀较少，主要布置在火前进方向的预热带，且多数处于启用状态，未启用的闸阀较少，即使未启用的闸阀漏气也是拉火前进的。

而轮窑一圈都要布置闸阀，数量较多，且多数处于未启用状态。这些未启用的闸阀要使之密闭不漏气是很困难的。在负压处窑外冷气向窑内窜，正压外窑内热气向窑外

审，漏气量较大。由于这些闸阀多数不在火前进方向的预热带，故牵制了火行速度。

（5）移动窑的投煤孔较少，且主要布置在中部零压点附近，故漏入或漏出的气不多。

而轮窑一圈布满了投煤孔，数量多，各种压力状态的都有，故漏入或漏出的气体较多。

例如：A厂有一座总长137m（包括干燥段长度）的移动窑，设了169个投煤孔；而B厂有一座24门的轮窑，投煤孔多达526个，是移动窑的3倍以上。

（6）轮窑要糊纸挡，纸挡漏气在所难免。而移动窑无纸挡。

（7）轮窑一圈要设门，门的数量多。频繁封门、打洞开门工作量较大，且门是一个薄弱环节，散热多，故靠近窑门的地方制品容易欠火。而移动窑只有两道门（干燥进坯坯端一道门，干燥段与预热段交界处一道截止门）。但要指出的是，移动窑干燥进坯坯端门靠近排烟排潮风机，此处负压大，如密封不好，大量外界冷空气会漏入窑内，就近进入排烟风机，不但牵制了窑的生产能力发挥，而且增大了烟气过量空气系数，增加了烟气净化的难度。

（8）轮窑装、出窑时，运输车辆频繁进出窑道，极易碰坏窑门或窑墙。而移动窑不存在上述问题。

（9）移动窑的内高可高可低。但轮窑由于要进人站立操作，内高不能太低。

（10）移动窑一般采用平吊顶，内高可窄可宽（最高的已达到23.8m）。而轮窑（尤其是国内用得较多的环形轮窑）的拱顶内高一般较大，如果做得太宽则内墙必然很矮，影响进人操作。故内宽有2.6m、2.9m、3.75m、4m，大于4.6m的不多。

（11）移动窑如用二次进风机，风机的位置可以固定不动。而轮窑用二次进风机，风机的位置要随火移动，比较麻烦。

（12）如某制品在窑内焙烧的预热带、烧成带、保温冷却带的长度确定后，采用轮窑的窑体展开长度要比采用移动窑的窑体展开长度长一些，因轮窑的窑道内要空出一段作为装、出窑的位置。

（13）轮窑的漏气点大大多于移动窑的漏气点，轮窑"拉后腿"的地方较多，故它的火行速度一般低于移动窑。移动窑的火行速度较普遍为3.5～4m/h。而轮窑的火行速度达到2.5～3m/h的不多。故在横断面面积相同的情况下，移动窑的产量往往高于轮窑。

（14）移动窑可做成装配式，即先在工厂进行预制，然后在现场装配。和采用砌筑方式相比，其主要优点是：①可以标准化、规模化生产，规格统一，系列配套，满足用户对不同产品的需求；②可以按照国家能耗标准组织生产，达到节能降耗的目的；③由于是标准化、规模化生产，可以降低造价；④全部组件在工厂加工，现场仅需简单安装，故工期短、见效快。

而轮窑（尤其是国内用得较多的环形轮窑）只能采用砌筑方式。该种窑是用几十万块砖乃至上百万块砖以人工砌筑而成。不但施工周期长，而且由于灰缝很多，要使每条灰缝中的泥浆都饱满、严密不漏气是很难的。且砌筑是多人完成，每个人的技术水平不同，责任心也有差别，造成窑体各处的质量不一样，在使用过程中极易造成窑体开裂。

（15）轮窑在投入使用前必须烘烤，以蒸发在砌筑过程中带入的大量水分。而移动窑的装配件不含水分，装配完成后即可投入使用，无须烘烤。

2. 与直形固定式隧道窑相比较，环形移动式隧道窑的主要优点

（1）固定窑顶配置大量的窑车及其运转设备。而移动窑不需要窑车及其运转设备。和固定窑相比，移动窑节省建设资金。

（2）因窑车尺寸越大，窑车越笨重，超不灵活，且购置费用高，运转设备动力消耗大。受窑车外形（主要是宽度）尺寸制约，固定窑的宽度不能太大，当前我国用得最宽的是 9.23m。而移动窑不需要窑车及其运转设备，无窑车外形尺寸制约，故内宽比 9.23m 大的较为普遍。

（3）就窑底而言，固定窑是由若干辆窑车组成的活动窑底，窑车与窑车之间很难密封严实，极易漏气。正压处热气向检查坑道漏，致命窑车金属部件变形、开裂，窑车轴承润滑油结焦，从而导致窑车运转不灵活，增加顶车机负荷，甚至导致窑体损坏。负压处检查坑道内冷空气向窑室内漏，致使窑车下层制品欠烧，降低产品合格率。窑车上下漏气是固定窑的最大缺点。而移动窑的坯垛是码在环形道的地平面上，无上下漏气之虞。鉴于固定窑的窑车是活动的，它的结构密封难度远大于移动窑。

（4）固定窑的坯垛是码在窑车上，是随窑车移动的，移动时易产生晃动，为了防止坍垛，其稳定性显得尤为重要。而移动窑的坯垛是码在地面上，坯垛是不动的，就这一点来讲，其坍垛的可能性远小于固定窑。

（5）环形移动式隧道窑较好地实现了"一条龙"一次码烧工艺。为了简化热工工艺和减少热能消耗，20 世纪 70 年代，我国建设了数百条"一条龙"一次码烧隧道窑（所谓"一条龙"，是指干燥室的出车端与焙烧窑的进车端相连接，连接处的两坯垛空隙间用截止闸门隔离）。这种窑仅北京市就建了 40 条，南京市建了 10 条，上海市建了 10 条。这是我国砖瓦工作者的创举，基本上是成功的。但由于有些厂做法不当，致使窑车变形，造成应该定点的坯垛位置有所移动，而截止闸门的位置又不能随之移动，往往造成截止闸门落在坯垛上，被迫不用闸门，从而造成热工制度难以控制。

而移动窑令人满意地解决了上述问题，较好地实现了"一条龙"一次码烧工艺。这是因为坯垛是码在地平面上、不会移动的，加之装有截止闸门的窑体是移动的，故可使截止闸门准确地落在二坯垛的间隙中，使干燥段与焙烧段彻底分离。

3. 环形移动式隧道窑的特殊性

（1）建窑场地必须是正方形。

移动窑的窑体是沿两条直径大小不同的同心圆形成的圆环道上移动的，不但建窑场地要大，而且必须是正方形的。

例如：内宽为 9.6m 的移动窑，外轨直径为 120m，加上外环道路和排水沟等，最少需一块 138m×138m 的场地，即 19044m²，合 28.567 亩；又如：内宽为 12.4m 的移动窑，外轨直径为128m，最少需要一块145m×145m的场地，即21025m²，合31.537亩。

（2）如在寒冷地区和严寒地区使用，其年有效使用期很短，由于成型后的湿坯体要在窑体外的环形道上存放一段时间才能进窑内，在气温较高、无霜冻期的南方，坯体在窑体外通过自然阴干可以缓慢失去一些水分，不但可以节省进入窑内干燥段的热能消耗，还会减少干燥裂纹和坍坯现象，有利于提高干燥质量。但在有霜冻期的寒冷地区和严寒地区，因霜冻会冻坏坯体，每年只能使用5～7个月，其年有效使用期很短。

（3）不能采用二次码烧工艺。

移动窑采用的是一次码烧工艺，不能采用二次码烧工艺。因一次码烧的坯垛不能太低，否则窑的产量会很低，故原料的干燥敏感性系数偏高，或产品为高孔洞率砌块，应采用二次码烧工艺，故不能采用移动窑。

如云南省某砖厂的原料为黏土，干燥敏感性系数较高（为2.55），生产普通实心砖，坯垛高度为13层，采用了移动窑一次码烧工艺。结果是坯体干燥裂纹较多，干燥坍坯严重，被逼将窑体拆除，应引以为戒。

（4）只能烧固体燃料，不能烧气体燃料和液体燃料。

因窑体不固定，须经常移动，如采用气体或液体燃料，其管道布置很复杂。故只能采用固体燃料燃煤。如要生产清水墙装饰砖等高档制品，必须用气体燃料，则不宜采用移动窑。

（5）在满足干燥和焙烧制度的前提下，不要随意加长窑体。

因加长窑体增加了窑体的重量，同时也增加了砂风板插入砂内槽的长度，增大了砂内板与砂风槽内砂子的阻力，给窑体移动增加了难度（也必然增加窑体移动时的动力消耗）。

（6）因内、外轨道同心圆的直径都很大，故要求轨道安装精度高、稳定性好，以免导致有些轮子悬空、脱轨，使其余轮子负担加重及增加局部阻力。

（7）因窑体行走的轮子负荷大，无论是主动轮还是从动轮，均不宜采用机床上加工的型钢轮，以免受力后产生变形；也不宜采用铸铁轮，铸铁轮抗折差、不耐磨；应该采用铸钢轮。

（8）为了减轻窑体移动时的重量和动力消耗，窑的内顶和内墙材料一般采用硅酸铝纤维模块。希望该材料的含杂质量少一些（尽量提高纯度），否则含硫气体易进入模块孔隙（硅酸铝模块的孔隙率很高），与这些杂质起化学反应，使纤维材料粉化、脱落。另外，由于纤维很细，在高速含尘气体的长期冲刷下，也要产生磨损，导致脱落。故有的厂每隔5年左右要更换一次窑的易磨损部位模块。内墙模块的安装要固定牢靠，防止使用时出现凸鼓现象，在窑体移动时擦碰坯垛，致使坯垛倒塌和损坏窑内壁。

（9）因装、出窑的位置经常移动，采用机械码坯，夹坯次数多达三次，多次夹起放下易伤害坯体，故应力求湿坯体有较高的机械强度；如采用机械打包成品，则打包机也需经常移动，故这种打包机比固定式打包机复杂得多。

（10）移动窑内外两圈的砂风槽都很长，为了防止错误的空气漏入窑内，砂风槽中应填充足够的砂子，砂面高度不宜低于 50～60mm，砂子的理想粒度是 5～7mm 的占 30%，其余 70% 是无尘细颗粒。

因运输成品的车辆要到环形道上作业，极易使碎砖块等杂物掉进砂风槽内，给窑体移动增加阻力，应及时清除这些杂物。

（11）一般湿坯体要在窑外环形道上静停一段时间，自然缓慢蒸发一部分水分，不但可以减少窑内热能消耗，而且由于进窑前坯体中的水分已向临界水分有所靠拢，可减少窑内坯体湿坍和干燥裂纹的产生。故在条件允许的情况下，应使环形道的周长尽量长一些，这样做也可以使湿坯体的静停时间长一些。

（12）窑的环形道应高出周围道路 0.15m 左右，以防止雨水流进窑的环形道，破坏既定的热工制度和增加热能消耗，并在环形道的边缘采取加固措施，或临时放置钢板作为进出车道，以保护环形道边缘不被运输车辆压坏。

（13）由于移动窑的窑体要经常移动，给烟气脱硫装置的做法带来一定的难度。一些窑炉公司为此也作了多种脱硫方法的尝试，用得较多的是将脱硫塔置于中心点附近，在环形道内侧做一条环形总烟道，总烟道上面开有若干个带有闸阀的接口，窑在移动后将排烟（潮）风机用管道与这些口搭接（窑移动一次换一个搭接口），让烟（潮）气进入环形总烟道，再入脱硫塔。这种做法的不足之处是：①由于送往脱硫塔的烟道较长，拐弯多，故产生的阻力较大；②可能出现的漏气点多。

4. 结论

窑体移动是环形移动式隧道窑的一大特色，也可以说是一个创举。它是既不用窑车及其附属设备，又在窑体外装、出的连续生产窑。它具有投资少、建设周期短、使用中热能消耗少、生产成本低、工作事故少等诸多突出的优点，受到不少砖厂（尤其是南方以页岩、煤矸石为原料的一次码烧砖厂）的青睐。它虽然还存在一些不尽如人意的地方，但它毕竟还"年轻"，"窑龄"不足 20 岁，不像轮窑已用了长达 149 年，直行固定式隧道窑也用了 136 年。

笔者坚信，在敢于实践、勇于探索创新的我国砖瓦人的共同努力下，它会不断得到改进、完善和发展。环形移动式隧道窑和直行固定式隧道窑这对"热工兄弟"都在为我国的砖瓦事业作出各自的贡献。

三、低码层隧道窑

所谓低码层隧道窑是相对于高码层隧道窑而提出来的。我国传统的高码层隧道窑一般码 10～14 层砖坯，也有的码高达 18 层。

低码层节能隧道窑技术最早由美国 SD 国际窑炉公司发明。实际上该项技术是对码坯、干燥、焙烧和卸坯等多道工序进行整合、优化设计后产生的成果。他们将窑车上的码层降低到 2～4 层，将窑车结构进行大胆革新，将窑体上的烧嘴布局和结构进行了彻底改变，其结果出人意料地令人满意。与过去同等产量的高码层隧道窑相比，新的低码层隧道窑的燃料消耗大大降低，干燥时间和焙烧时间大幅减少，仅是传统隧道窑的 1/4，码坯和卸坯设备大大简化，整条生产线的运行成本大幅降低，将外燃隧道窑的各种技术指标提高到一个新的水平。

我国湖南长沙经济技术开发区经沣高新建材有限公司烧结砖生产线成功使用了该公司外燃隧道窑技术烧制高档铺地砖和外墙砖。我国山西阳泉金隅通达高温材料有限公司年产 15 万吨均质耐火材料生产线也成功引进了该公司的外燃高温隧道窑技术。

低码层节能隧道窑虽然使用天然气、重油等价格较贵的燃料进行外燃焙烧，但是它能生产高档的烧结制品，能实现环保达标，很容易实现自动化无人值守。这些优势是内燃隧道窑所无法做到的，而低码层节能隧道窑是目前外燃隧道窑当中最具发展优势的窑型。

1. 低码层节能隧道窑的优点

低码层节能隧道窑与同等产量的传统高码层隧道窑相比，其优点为：

（1）干燥和焙烧周期短：低码层节能隧道窑的干燥和焙烧周期约是高码层窑的 1/4。

（2）综合能耗低：低码层节能隧道窑，焙烧制品的综合能耗相比高码层隧道窑节约约 20%。

（3）降低排放：低码层节能隧道窑能有效地控制窑内温度的均衡性，再加上干燥焙烧周期短，仅氟化氢排放量就可减少 80% 左右。

（4）焙烧的制品成品率高：由于窑车上的码层低，底部砖坯无过多外部载荷，干燥、焙烧过程中不会产生裂纹，烧出的制品合格率可接近 100%。

（5）运行成本低：由于低码层，使码坯设备和卸坯设备大大简化，从而使投资成本和运行费用大大降低。由于低码层载荷轻，窑车的支撑、耐火砖和钢结构都发生了巨大的变化，窑炉的地基建设成本大大降低，窑车的运行寿命增加，维护费用降低，可使砖厂的电力消耗降低 40% 左右，可省人力成本 50%，几个人即可操控全厂。干燥窑、焙烧窑与窑车转运系统在自动控制系统的指挥操作下，能够做到 24h 无人值守，由于窑炉运行更可靠、更稳定、停产次数少、干燥和焙烧周期短、能耗低、节省人力，全厂的运行费用大大降低，这些能使制品成品成本降低 25%。

（6）投资没有增加：虽然低码层节能隧道窑的窑车建设成本比传统高码层隧道窑的窑车建设成本高一些，但是就整个工厂来说，由于其他项目（例如码坯机、卸坯机、窑炉地基、窑炉等）的投资减少，其总投资与传统高码层外燃隧道窑的全厂投资差不多。

2. 低码层节能隧道窑的关键技术

1）烧嘴布置

所有燃烧烧嘴设于焙烧窑的顶部，采用顶烧方式。但是，烧嘴并不是直接垂直向下喷，而是将烧嘴与直线方向安装成一定角度，让烧嘴向斜下方把火焰喷入。斜向布置的主要目的是使火焰斜向喷入窑内，使窑内砖坯之间的热流动变成垂直方向的流动。在低码层情况下，这种垂直方向的热流动能更有效地传热，能更迅速地达到热平衡。因此，这是缩短焙烧周期、提高产品品质的主要因素之一。低码层节能隧道窑内的窑车是连续运行的，不需要像传统高码层隧道窑内的窑车那样间歇运行。

2）烧嘴

采用高速脉动烧嘴产生脉动燃烧。所谓脉动燃烧，就是让燃烧现象像脉搏跳动一样强弱结合、周期变化地燃烧，即一会儿采用大流量燃烧（高燃烧强度），一会儿采用低流量燃烧（低燃烧强度）。它能根据需要将空气和燃料进行配合比来调节高温和低温。高速烧嘴的火焰长度可调，烧嘴可设置成三种运行模式：过量空气模式；部分过量空气模式；按一定比率模式。使用脉动燃烧可使窑炉的能源消耗减到最低，这是由于在焙烧周期的加热段所需要的过量空气减少了。这样的燃烧系统能更好地控制窑内温度，使窑内温度更均衡，提高了加热质量，增加了传热到产品上的比率。

3）窑车结构

传统高码层窑车需要承载较高的重量，耐火材料砌块重量较大，因此整车重量较大。而低码层节能隧道窑的窑车对承重要求低多了，但是对热流动间隙有特殊要求，不但码层上部有热流动空间，而且在码层下部也应留热流动空间。这种窑车支撑码层重量大小不等的耐火陶瓷杆件，而窑车钢板上部铺设的材料是耐火棉，而不是耐火砌块。在低码层节能隧道窑中窑车是连续运行的，而且在焙烧窑内的时间只有十几个小时，这就要求窑车的蓄热不要太大，轻质耐火棉的应用正是为了这一效果。窑车上在码坯与耐火棉之间留有充足的空间以保证能够热流动。

4）控制系统

在窑炉系统中，控制系统相当于人的大脑，需要对实时采集的数据进行整理和分析，同时又将根据实际情况对燃烧系统等设备进行反馈控制，这样才能有效地缩短产品的烧成周期，保证产品的一致性和稳定性，提高产品质量。美国 SD 国际窑炉公司的"银云"窑炉系统是一套完美的经过生产实践检验的经济可靠的控制技术，是最新的窑炉设计与生产控制技术的完美组合。

该自动控制技术能够实时显示，可以使窑炉在带有单独按钮的情况下自动启动（硬件和软件）。该系统还可以实现远程控制启动窑炉和并入最新的安全标准，也可以使美国 SD 国际窑炉公司帮助用户排除窑炉故障或者作远程分析。该系统能排除操作人员对窑炉不必要的干涉，例如没必要地关闭闸门、更换回路状态、打开主安全阀等。窑炉是在程序化的情况下完成启动顺序，并图示每一步工序进行时的状况，一旦遇到启动程序有故障的情况，程序会自动停止并能向操作人员指出准确的问题（例如：送风机不能启动、燃气压力低、燃烧器没有点火等）。这可以使重新启动窑炉的时间减到最少，也使产品的损失减到最小。

窑炉的控制系统含有可靠的 PLC 可编程控制系统。PLC 提供了一系列的存储选择、输入输出能力、指令重置、通信端口以控制系统应用。PLC 承担着窑炉自动控制系统中一系列运行参数的控制，例如窑炉压力、预热、窑炉各区域温度控制、快速冷却等。

控制室内计算机上人机界面软件 HM1 使用了许多界面，以便保证窑炉的正常运行和最大生产效率。这些界面包括条图分析、温度趋势、窑炉剖面、报警管理、数据列表、报告指令、风机状态和快速冷却控制等。

5）码坯方式

将码坯方式列为一个关键因素，是因为它不是一个孤立的单元。确定以何种方式码坯、码几层，需考虑原料的性质，产品品种、规格、尺寸、质量，工作的班次，一次码烧还是两次码烧，码坯机和卸坯机的类型等。

四、燃气隧道窑

大连太平洋粘土制品有限公司（现为大连太平洋砖制品有限公司）于 1990 年建成了我国第一条以混合煤气为燃料的大断面吊平顶隧道窑。

1. 隧道窑的结构和工艺尺寸

（1）窑炉总长度：90.5m。

（2）窑炉总高度：3.56m。

（3）窑内净高：2.57m。

（4）可供码坯高度：1.54m。

（5）窑炉总宽度：9.18m。

（6）窑内净宽：7.36m。

（7）可供码坯宽度：7.14m。

2. 主要工艺和技术参数

（1）窑车顶平面尺寸：3m×7.28m。

（2）窑内容车数量：30 辆。

（3）烧成周期：60h。

（4）生产能力：12 万块/d（360t/d）。

3. 煤气的制造和输送

自建一座煤气站，包括两台 DG240 型煤气发生炉，一台工作，一台备用，以煤为原料制造混合煤气，单台炉小时产脱焦油热煤气约 1500Nm^3，依自身炉压，不需增压，直接送往烧成车间，中间未设煤气贮罐，煤气炉的产气量依隧道窑的实际需要而自动调节，二者始终处于动态平衡状态。

为了向隧道窑安全输送煤气，煤气主管道进入烧成车间后，先进入煤气安全系统。

自预热带至焙烧带，沿窑车前进方向，在窑顶上布置了 9 组 18 排共 171 个烧嘴，每组烧嘴分两排，一排 9 个均布，另一排 10 个疏密布置。

五、辊道窑

以转动的辊子作为坯体运载工具的隧道窑。坯体直接（或用垫板）置于辊子上，由于辊子的转动，使坯体向前运动。低温处辊子可用耐热合金钢制成，高温处的辊子则以耐高温的陶瓷材料制成。每根辊子的端部有小链轮，由链条带动作自传，为使传动安全、平稳，常将传动链条分为若干组。此种窑高度很低，横断面小，窑内温度均匀，适于快速焙烧。这种窑可与前后工序连成直动线，占地面积小，但是对材料质量和安装技术要求高。

辊道窑中的坯体一般是单层码放，当坯体间距为 6～8mm 时，则围绕坯体的气流可以达到较理想状态。

如焙烧空心制品，由于坯体四周及孔洞内部都有气流存在，故单层码放的坯体传热系数较大，焙烧时间较短。相比多层叠码坯垛在隧道窑或轮窑中焙烧的时间要缩短60%～85%。

现代辊道窑采用模块式结构，工厂化生产，现场组装方式。辊道窑的窑体采用全轻质结构，窑墙一般不承受窑顶的负荷。辊道窑的窑墙材料选用主要决定于其工作温度。例如，烧成带内层一般为轻质耐火砖或耐火纤维制品；中层为硅钙板或耐火纤维板；外层用岩棉板；最外层覆盖不锈钢薄板。由于辊子横穿窑墙，对窑墙孔砖的砌筑要求较高。

六、水密封隧道窑

为了解决窑车底部散热问题，法国首先开发成功水密封隧道窑。在水密封隧道窑中，每一辆窑车的下部周围由封闭的金属裙板所围绕，在窑车上的裙板浸入水中而提供窑车侧向及窑车前后的密封。水密封隧道窑建造起来较为复杂。隧道窑的地板（底面）是一个水槽，因而当每一辆窑车进入隧道窑时，要使用上升平台将窑车抬出水槽。

这样的密封结构方式为隧道窑窑体提供了非常好的密封条件，从而确保了热效率的最佳水平以及对焙烧气氛的控制。

七、逆流式隧道窑

所谓逆流式隧道窑，即甲和乙两条相同规格的隧道窑反向并列布置，甲窑的出车端紧靠乙窑的进车端，乙窑的出车端紧靠甲窑的进车端。甲窑的窑尾冷却带余热送往乙窑窑头预热带用作预热坯体；乙窑的窑尾冷却带余热送往甲窑窑头预热带用作预热坯体。这样做可以大大提高隧道窑的余热利用率。逆流式隧道窑示意如图 9-1 所示。

图 9-1　逆流式隧道窑示意

八、推板窑

推板窑又称推板式隧道窑。将坯体直接或间接放在耐高温、耐摩擦的推板上，由推进系统按照制品的工艺要求对放置在推板上的制品进行移动，在炉膛中完成烧结过程。

推板是推板窑的主要窑具，按生产工艺分为烧结推板和预制推板两种，按材料分为高铝推板、碳化硅推板、刚玉推板。

推板在推板窑中起到至关重要的作用，在焙烧过程中，推板不但要耐高温，还要承受制品的重量和推进器的巨大压力，一旦推板断裂或拱起，就会造成卡窑、顶窑现象，导致严重生产事故。因而，把控推板质量十分重要。据说，有一种钢纤维耐磨推板，采用浇筑预制成型，无须烧结。以优质铝矾土熟料为主要骨料和粉料，以铝酸盐水泥为结合剂，以钢纤维、防爆纤维、蓝晶石等作辅助材料，经浇筑、振动成型、养护而成。具有耐高温、耐磨损、抗震性优良等特点，有效地解决了推板在使用过程中的断裂问题。

推板窑的主要优点：①技术成熟稳定，投资风险率低；②基本上不会出现大毛病；③气密性好，氧含量低；④节能效果好；⑤投资成本低。

推板窑的主要缺点：①有拱窑风险（可以通过提高材料品质和砌筑工艺来改进）；②需要消耗推板材料；③单台产量较低。

九、梭式窑

梭式窑又名抽屉窑。由窑室、窑墙、窑顶、烧嘴、升降门、支烟道、窑车、轨道等组成。由于其密封性能好，既可焙烧红砖红瓦，亦可焙烧青砖青瓦。

美国等发达国家的梭式窑兴建得较早，但窑的容积普遍偏小，密封性能很好。我国的梭式窑兴建较晚，但窑的容积较大。例如：我国山西聚义实业集团股份有限公司有 2 条容积为 $90m^3$ 和 2 条容积为 $130m^3$ 的抽屉窑，内宽均为 3.3m。燃料为天然气，烧嘴设于窑的两侧。容积 $90m^3$ 窑内容 4 辆窑车，容积为 $130m^3$，窑内容 6 辆窑车。码坯高度均为 15 层，窑的两端各设 2 道门。河南省洛阳市和南阳市等地也建了几条容积为 $90m^3$ 的梭式窑，均烧青砖。

值得一提的是，窑炉专家易燎原为重庆市垫江县沙河镇设计了一条大型梭式窑，内宽为 3.2m，内高为 2.2m，长为 22m，容积达 $154.88m^3$。不用窑车，坯体码在地面上。燃料可用天然气，亦可用煤。天然气系统：烧嘴设在窑的两侧，每隔 1m1 对，共计 23 对。配有脱硫净化系统，燃煤时启用。全窑配有 1 台 10 号离心风机，13kW。产品为红砖复烧为青砖。该窑每隔 7d 周转一次，年产量约为 950 万块。

第十章　与隧道窑烧成相关的基础知识

1. 压强

单位面积上所受的压力称为压强，用 Pa 表示。

标准大气压：$1atn = 101325Pa$

工程大气压：$1at = 98066.5Pa$

千克力每平方米：$1kgf/m^2 = 9.80665Pa$

毫米水柱：$1mmH_2O = 9.80665Pa$

毫米汞柱：$1mmHg = 133.322Pa$

2. 绝对压力和表压力

以绝对真空作为零点的压力，称为绝对压力。

$$绝对压力 = 大气压 + 表压力$$

或：

$$绝对压力 = 大气压 - 真空度$$

表压力又称相对压力，是以大气压作为零点的压力。通常测压表的零点为大气压力，因此测压表所读得的压力为表压力。当流体的压力大于大气压时，称流体的压力为正压；当压力小于大气压时，称为负压或真空度。

3. 标准状态

标准状态是温度为 0℃ 和大气压为 1 个标准大气压（即 101325Pa，或 760mmHg，或 $10332mmH_2O$）的状态。

所谓标准大气压是指纬度为 45°海平面常年平均的大气压，又称物理大气压，为一恒量。

空气在标准状态的体积密度为 $1.293kg/Nm^3$；烟气在标准状态下的体积密度为 $1.3kg/Nm^3$。

4. 黏度

黏度是一部分流体对另一部分流体在相对移动时给予阻力的性质，凡是流体（包括气体和液体）均有一定的黏度。

液体与气体的黏度随温度变化的规律不同，液体的黏度随温度的升高而减小，而气体的黏度随温度的升高而增大，之所以产生这种差别，是由于流体的黏性，一方面是由于分子间的吸引力引起，另一方面是分子间不规则热运动进行交换的结果。温度升高时，一方面分子间距离增大，吸引力降低，使流体黏度减小；另一方面分子热运动更剧烈。动量交换的增加又使流体的黏度增大。对于液体的黏度而言，分子间的吸引力是主要的决定因素，温度升高，分子间的吸引力减小，黏度降低；气体则不然，气体分子间距离比液体分子间距离大，因此分子间吸引力并非主要因素，而动量交换则起决定作用，所以随温度的升高，分子热运动加剧，促使气体黏度增大。

常用国际制黏度分为：①动力黏度（亦称绝对黏度），用符号 μ 表示，单位 Pa·s；②运动黏度，用符号 V 表示，单位 m^2/s。

动力黏度和运动黏度的换算公式：

$$V = \frac{\mu}{P}$$

式中　V——运动黏度（m^2/s）；

　　　μ——动力黏度（Pa·s）；

　　　P——流体的密度（kg/m^3）。

例如，已知干空气在 100℃ 时的密度为 0.946kg/m^3，它的动力黏度 μ 为 21.9×10^{-6}Pa·s，算得运动黏度为：

$$V = \frac{21.9 \times 10^{-6}}{0.946} = 23.15 \times 10^{-6} \ (m^2/s)$$

5. 层流、湍流和过渡流

层流又名滞流，是流体流动时的一种状态。就宏观层面而言，层流层次分明，互不干扰，都向一个主流方向流动，在垂直于主流方向上的速度接近于零。当雷诺准数小于 2300 时为层流状态。

湍流又名紊流，也是流体流动时的一种状态。就宏观层面而言，流体质点无规则的脉动呈紊乱状态，但仍有一个质点运动的主流方向。当雷诺准数大于 10000 时为湍流。湍流有利于对流传热及均匀室温，但阻力损失增加。

过渡流是流体流动的一种不稳定状态，介于层流与湍流之间，雷诺准数为 2300～10000。

注：雷诺准数是流体流动过程中的一个准数，是流体惯性力与黏滞力之比，是为摩擦损失起作用的黏性体系中的决定准数。

$$Re = \frac{plw}{u}$$

式中　Re——雷诺准数；

　　　p——流体密度（kg/m^3）；

　　　l——代表性尺寸（m）；

w——流体的流速（m/s）；

u——绝对黏度（Pa·s）。

6. 稳定传热和不稳定传热

当物体处于传热过程中，物体内部各点的温度不随时间而变化，这种传热称为稳定传热。此时各点的得热和失热相等。如隧道窑生产时，其窑壁可视为稳定传热。当物体内部各点的温度随时间而变化，这种传热称为不稳定传热。此时各点的得热和失热不相等。如隧道窑的窑车和轮窑的窑壁可视为不稳定传热。

7. 能量守恒

能量不会消灭，也不会创生，它只能从一种形式转化成另一种形式，或者从一个物体转移到另一个物体，而能量的总和保持不变。

8. 理想气体状态方程

所谓理想气体是没有黏性的气体，也就是没有能量损失，没有因摩擦而转变为热能。一定质量的理想气体，其压强和体积的乘积与热力学温度的比值是一个常数，即：

$$\frac{P_1 V_1}{T_1} = \frac{P_2 V_2}{T_2} = \frac{P_3 V_3}{T_3} = \cdots = 常数$$

上述公式中的常数决定于气体的摩尔数；各种气体在压强不太大、温度不太低的情况下，近似地遵循理想气体状态方程；在应用理想气体状态方程解题时，要注意统一单位。

例 10-1：将 V_0 为 1000m³，T_0 为 0℃的空气送入加热器中加热，当空气在标准状态下的密度 p_0 为 1.293kg/Nm³ 时，求空气加热至 T_t 为 1000℃时的体积 V_t 和密度 ρ_1。

解：

$$\frac{p_0 p_0}{T_0} = \frac{P_0 V_0}{T_1} \qquad V_1 = V_0 \frac{T_1}{T_0} = 10000 \times \frac{1273}{273} = 46630 （m^3）$$

$$\frac{\rho_1}{\rho_0} = \frac{T_0}{T_1} \qquad \rho_1 = \rho_0 \times \frac{T_0}{T_1} = 1.293 \times \frac{273}{1273} = 0.2773 （kg/m^3）$$

9. 气体运动能量来源

气体在窑内稳定流动时，具有位能、压力能、动能和阻力损失四种能量，通常称为几何压头、静压头、动压头和阻力损失压头。这几种压头有的可互相转换，其转换规律是：几何压头和静压头可互相转换；静压头和动压头可互相转换；动压头可转换为阻力损失压头，这是不可逆的。即：

$$h_{几} \rightleftarrows h_{静} （可逆）$$

$$h_{静} \rightleftarrows h_{动} （可逆）$$

$$h_{动} \rightarrow h_{失} （不可逆）$$

压头之间的转换结果，其总和是不变的。压头的单位可用 Pa 表示。

1) 几何压头

当某处气体的密度和周围气体的密度不同时，该处气体就有一个上升（其密度小于周围气体密度时）或下降（其密度大于周围气体密度时）的力，此时该气体具有几何压头。这个上升或下降力的大小等于其排开周围气体的质量减去其本身的质量。几何压头是指某一水平面下某点对该平面来说的。它的大小可用下式求得：

$$P_{几} = H(\gamma_0 - \gamma_t) \times 9.8$$

式中　$P_{几}$——几何压头（Pa）；

　　　　H——气体高度（m）；

　　　　γ_0——温度为0℃时气体的密度（kg/m³）；

　　　　γ_t——温度为t℃时气体的密度（kg/m³）；

　　　　9.8——1kgf/m² 等于9.8Pa。

几何压头是用计算方法求得的。

2) 静压头

窑（或管道）内气体压力与窑（或管道）外大气压力之差称为静压头。当窑（或管道）内气体压力大于大气压力时称为正压；当窑（或管道）内气体压力小于大气压力时称为负压，负压就是通常所讲的抽力；当窑（或管道）内外压力相等时为零压。

静压是没有方向的。

在自然流动中，静压头是由几何压头转变来的；在强制流动中，静压头是由通风机产生的。

静压头是使气体发生运动能力大小的指标。其大小可以用U形压力计直接测定。

3) 动压头

由于气体的运动而具有的压力称为动压头。静止的气体是没有动压头的，气体运动的速度愈快、密度愈大，则具有的动压头也愈大。动压头是气体动能大小的量度。其大小可由下式求得：

$$P_{动} = \frac{\gamma_t \cdot W^2}{2g} \times 9.8$$

式中　$P_{动}$——动压头（Pa）；

　　　　W——气体运动的速度（m/s）；

　　　　γ_t——温度为t℃时气体的密度（kg/m³）；

　　　　g——重力加速度（9.81m/s²）；

　　　　9.8——1kgf/m² 等于9.8Pa。

4) 阻力损失压头

为气体运动消耗在各种阻力上损失的压头。压头损失消耗气体的动能。

10. 伯努利方程式

理想流体稳定流动时，在体积密度不变的条件下，管道任一横断面上的几何压头

（位压头）、静压头、动压头（速度压头）之和是恒定的常数，即：

$$H + \frac{P}{\gamma} + \frac{W^2}{2g} = 常数$$

称为伯努利方程式。

其中的几何压头 H 为流体中的任一点到某一给定基准面的垂直距离；静压头中的 P 为单位面积上的压力，γ 为流体单位体积的质量；动压头中的 W 和 g 分别为流体的流速和重力加速度。

实际流体流动时，皆有摩擦阻力损失，其损失以 $h_失$ 表示，因而伯努利方程式可表达为：

$$H + \frac{P}{\gamma} + \frac{W^2}{2g} + h_失 = 常数$$

气体在干燥室和焙烧窑内流动过程中，大部分能量消耗在各种阻力上。

在窑内流动的气体不是"理想流体"，故流动时有因摩擦力而产生的能量损失。

对于管道 1-1 截面的流体流到 2-2 截面时，伯努利方程式可为：

$$H_1 + \frac{P_1}{\gamma} + \frac{W_1^2}{2g} = H_2 + \frac{P_2}{\gamma} + \frac{W_2^2}{2g} + \frac{h_{失1-2}}{\gamma}$$

上面的方程式形式在气体力学计算中颇感不便，因而需要改变形式，将其乘以体积密度 r，则得：

$$H_1\gamma + P_1 + \frac{W_1^2}{2g}\gamma = H_2\gamma + P_2 + \frac{W_2^2}{2g}\gamma + h_{失1-2}$$

对于管道外空气而言，可认为是静止的，即 $W=0$。故其相应截面上的伯努利方程式为：

$$H_1\gamma_空 + P_{空1} = H_2\gamma_空 + P_{空2}$$

上述两式相减，则得：

$$H_1(\gamma - \gamma_空) + (P_1 - P_{空1}) + \frac{W_1^2}{2g}\gamma = H_2(\gamma - \gamma_空) + (P_2 - P_{空2}) + \frac{W_2^2}{\gamma} + h_{失1-2}$$

式中　γ、$\gamma_空$——管道中的热气体和外界空气的体积密度（kg/m^3）；

H_1、H_2——1-1 截面和 2-2 截面处的几何高度（m）；

P_1、P_2——1-1 截面和 2-2 截面处管道中热气体的绝对静压力（Pa）；

$P_{空1}$、$P_{空2}$——1-1 截面和 2-2 截面处管道外空气的绝对静压力（Pa）；

W_1、W_2——1-1 截面和 2-2 截面处管道中热气体的流速（m/s）；

$h_{失1-2}$——从 1-1 截面到 2-2 截面热气体的阻力损失（Pa）。

对窑炉这个热工设备而言，皆为 $\gamma < \gamma_空$，为了方便，将基准面取在上面，故 $H(\gamma - \gamma_空)$ 应表示为：

$$-H(\gamma - \gamma_空) = H(\gamma_空 - \gamma)$$

这样可得出下式：

$$H_1(\gamma_空 - \gamma) + (P_1 - P_{空1}) + \frac{W_1^2}{2g}\gamma = H_2(\gamma_空 - \gamma) + (P_2 - P_{空2}) + \frac{W_2^2}{2g}\gamma + h_{失1-2}$$

式中，$H(\gamma_空 - \gamma)$ 称为剩余几何压头，通常称为几何压头，以 $h_几$ 表示。$(P - P_空)$ 称为剩余静压头，习惯称为静压头，以 $h_静$ 表示。$\frac{W^2}{2g}\gamma$ 称为动压头或速度压头，以 $h_动$ 表示。伯努利方程式可写为：

$$h_{几1} + h_{静1} + h_{动1} = h_{几2} + h_{静2} + h_{动2} + h_{失1-2}$$

或简写为：

$$h_几 + h_静 + h_动 + h_失 = 常数$$

压头是能量，不是压强。压头单位是 J/m^3，即每 $1m^3$ 气体带有的能量。$h_失$ 是每 $1m^3$ 气体流动时的能量损失。

伯努利方程式实质上是能量守恒定律在流体流动上的应用。

伯努利方程式应用的条件是：

(1) 流动属于稳定流动。

(2) 流体的体积密度不变。

(3) 流动为单向流动。

11. 烟囱产生抽力的原因

由于烟囱有一定的高度（高烟囱一般用于轮窑），里面又有热烟气，热烟气的密度比外界冷空气小而产生压力差。在这种压力差的作用下，使热烟气从烟囱底部上升至出口后再排入大气中。热烟气排入大气后，烟囱里面空出的位置就被窑内流来的热烟气所占据，而窑内空出的位置又被窑门进入的冷空气所补充。这样，烟囱不断排烟，窑门也不断进风，窑就能连续进行生产。总之，烟囱的作用是把窑内热烟气抽走，使外界的冷空气由窑门进入窑内进行补充，这就是烟囱产生的抽力。

烟囱抽力的大小，主要由烟囱的高度、冷空气和热烟气的密度差所决定：

$$h_抽 = H(\gamma_空 - \gamma_烟) \times 9.8$$

式中　$h_抽$——烟囱的抽力（Pa）；

　　　　H——烟囱的高度（m）；

　　　　$\gamma_空$——外界冷空气的密度（kg/m^3）；

　　　　$\gamma_烟$——烟囱里面热烟气的密度（kg/m^3）；

　　　　9.8——$1mmH_2O$ 等于 $9.8Pa$。

上式算得的抽力是最大抽力。实际上烟囱的抽力还应减去气体在烟囱中流动的摩擦阻力损失和以一定速度冒出而损失的一部分动压头，则这部分抽力为烟囱的有效抽力：

$$h'_抽 = [H(\gamma_空 - \gamma_烟) - h_摩^烟 - h_动^烟] \times 9.8$$

$$= \left[H(\gamma_空 - \gamma_烟) - \lambda \frac{W_烟^2}{2g}\gamma_烟 \frac{H}{d_烟} - \frac{W_烟^2}{2g}\gamma_烟 \right] \times 9.8$$

或：

$$h'_{抽}=(1.1\sim1.3)h^{窑}_{阻}\times9.8$$

式中　$h'_{抽}$——烟囱的有效抽力（Pa）；

H——烟囱的高度（m）；

$\gamma_{空}$——外界冷空气的密度（kg/m^3）；

$\gamma_{烟}$——烟囱里面热烟气的密度（kg/m^3）；

λ——烟囱的摩擦阻力系数；

$W_{烟}$——烟气的运动速度（m/s）；

$h^{烟}_{摩}$——烟囱的摩擦阻力（mmH_2O）。

$d_{烟}$——烟囱的内直径（可近似采用上口径计算）（m）；

g——重力加速度（$9.81m/s^2$）；

$h^{窑}_{阻}$——窑内零压面开始至烟囱底的全部阻力（mmH_2O）；

$h^{烟}_{动}$——一定速度冒出而损失的动压头（近似等于$\frac{W^2_{烟}}{2g}\gamma_{烟}$）（$mmH_2O$）；

9.8——$1mmH_2O$ 等于 9.8Pa。

烟囱抽力的大小由下列三个因素决定：

（1）抽力随烟囱高度的增加而增加，高度每增加 1m 可使烟囱底部增加 5~7Pa 的负压。但是必须指出：如果已经建成的烟囱抽力不足而盲目将其接高，接高后上口直径过小，会导致：①烟气在烟囱里流速加快，动能消耗增大；②由于烟气在烟囱里流程延长，摩擦阻力也相应增大。鉴于上述两种情况，增高烟囱所增加的抽力将有一部分用于抵消增大的动能消耗和增大的摩擦阻力。故有的厂家增高烟囱的效果并不理想。

（2）烟囱抽力随着烟气温度的增高和大气温度的降低而增加。冬天烟囱抽力比夏天增加 15%~30%；夜间抽力比白天大；随着烟气温度的增高，抽力亦增大，故轮窑点火时，烟囱抽力不足，往往采取提闸烧哈风洞的办法，以提高烟气温度，加大烟囱抽力。

（3）烟囱抽力随着烟囱内烟气流速的增大而减小。烟气流速越快，抽力越小。因为烟气流速加快时，动能消耗和摩擦阻力将随之加大。烟囱排烟速度一般为 2~4m/s，最高不大于 8m/s。如果小于 2m/s，则有外界冷空气由上口倒灌入烟囱的危险；如果大于 8m/s，阻力损失过大，使抽力明显减小。而机械排烟的速度可达 8~15m/s，隧道窑一般采取机械排烟。

烟囱应有一定的高度，使其具有一定的负压，能克服从窑内零压面开始至烟囱底的所有阻力并保持一定的气体流速。一般高度为 45~60m，上口直径为 1.2~2m，下口直径约为上口直径的 1.5 倍。烟囱底部负压为-250Pa 左右。

虽然烟囱一次基建投资大，抽力受气候影响，但维修费用少，不消耗动力，不受停电影响，工作可靠，经久耐用（砖烟囱可用 40~50 年），生产成本低。轮窑多数采用烟囱自然排烟，即利用余热干燥坯体，由于轮窑进外界冷风的门较多，抽余热风机几乎不与烟囱抢风，故风机对烟囱抽力无明显影响；而隧道窑的情况不同，其窑道长、阻力大，窑车面的上下漏气较多，故仅用烟囱自然排烟困难较大，尤其是利用余热干燥坯体时，由于隧道窑进外界冷风的门只有一个，抽余热风机与烟囱抢风厉害，使烟囱难以发挥作用，甚至还有从烟囱上口倒灌冷风的可能。故一般采用机械排烟。即使机械排烟，往往还兼设一个不太高的烟囱（高15～20m），其作用有二个：其一是作停电保火用；其二是使烟气向高空散发，以满足卫生条件要求。但这种烟囱直径不宜太小，以免阻力过大，增加排烟风机负担。

几个窑合用一个烟囱时，应按阻力最大的一个计算，不应按所有窑阻力的总和计算。

烟囱有砖的、钢的和钢筋混凝土的。钢烟囱虽造价低，但易腐蚀；钢筋混凝土烟囱造价昂贵。砖瓦厂大多采用造价不高、经久耐用的砖烟囱。

砖烟囱每升高1m，温度降低1～1.5℃；钢烟囱每升高1m，温度降低3～4℃。

12. 真空和真空度

真空一般是指不存在任何实物粒子的空间。例如，在容器内将空气或其他气体充分排除即可看作真空。在理论物理学中，真空是指不存在任何实物粒子，同时场的能量处于最低状态的空间。

有些真空泵把标准状态下的大气压当作0MPa，而绝对真空为−0.1MPa。

实际负压值与绝对真空的比值即为真空度，如实际负压值为−0.092MPa，而绝对真空相对于标准状态下的大气压为−0.1MPa，则：

$$真空度=\frac{负压值}{绝对真空度}=\frac{-0.092MPa}{-0.1MPa}=92\%$$

13. 摩尔

摩尔（mol）是用来表示物质的量的国际制基本单位。1摩尔的任何物质都含有6.02×10^{23}个分子数（等于12g^{12}C中含有的原子数），这个数叫作阿伏伽德罗常数。在标准状态下，1摩尔的任何气体所占的体积都是22.4L，这个体积叫作气体的摩尔体积。

1mol的硫含有6.02×10^{23}个硫原子，质量是32g；1mol的氧气含有6.02×10^{23}个氧分子，质量是32g；1mol的氢氧根离子含有6.02×10^{23}个氢氧根离子，质量是17g；1mol的水含有6.02×10^{23}个水分子，质量是18g，水的摩尔质量为18g。54g的水是3个摩尔的水，所以54g水的摩尔数是3。

$$摩尔数=\frac{物质的质量}{摩尔质量}$$

但国际制规定的基本单位：质量为kg、长度为m，导出的体积应是m³。因此，物质的质量单位和气体的体积单位都要作换算。可得出：水蒸气的千摩尔质量为18kg，干空气的千摩尔质量为28.96kg，它们在标准状态下的千摩尔体积都是22.4m³。

可算得在标准状态下水蒸气和干空气的体积密度：

$$\rho_{水蒸气}=\frac{18}{22.4}=0.8036\ （kg/m^3）$$

$$\rho_{干空气}=\frac{28.96}{22.4}=1.293（\mathrm{kg/m^3}）$$

通过物质的质量、气体在标准状态下的体积，可以计算出该气体的千摩尔数：

$$千摩尔数（\mathrm{kmol}）=\frac{物质的质量（\mathrm{kg}）}{千摩尔质量（\mathrm{kg/kmol}）}=\frac{气体在标准状态下的体积（\mathrm{m^3}）}{22.4（\mathrm{m^3/kmol}）}$$

各种气体的摩尔质量和体积密度如表 10-1 所示。

气体的摩尔质量和体积密度　　　　　　　　　　　　表 10-1

名称	CO_2	CO	H_2	O_2	N_2	SO_2	H_2O	空气
摩尔质量（g/mol）	44.01	28.06	2.01	32	28.02	64.07	18.02	28.96
体积密度（$\mathrm{kg/Nm^3}$）	1.964	1.250	0.09	1.428	1.251	2.858	0.804	1.293

14. 燃烧与灭火的条件

1）燃烧

燃烧是一种剧烈的氧化反应，在反应过程中发热发光。燃烧的条件是：

（1）必须具有可以燃烧的物质。

（2）可燃物必须与氧气或其他氧化剂充分接触。

（3）使可燃物与氧气达到可燃物燃烧时所需要的最低温度——着火点。

2）灭火

使燃烧着的物质灭火的条件是：

（1）使可燃物与氧气脱离接触。

（2）使燃烧着的物质的温度降到该物质的着火点以下。

15. 绝对湿度、饱和绝对湿度和相对湿度

大气中的湿空气（以下简称空气）是由干空气和水蒸气混合组成的。湿度是表示空气潮湿程度的参数，通常用绝对湿度、饱和绝对湿度和相对湿度表示。

1）绝对湿度

每立方米空气中所含水蒸气的质量，称为空气的绝对湿度，用符号 $\gamma_{绝}$ 表示。由于在空气中干空气和水蒸气是均匀混合的，都占有了与空气相同的体积，故绝对湿度在数值上等于该温度下水蒸气的密度，其单位为 $\mathrm{kg/m^3}$。计算依据：空气密度为 $1.293\mathrm{kg/Nm^3}$；水蒸气密度为 $0.80357\mathrm{kg/Nm^3}$。

2）饱和绝对湿度

在定温、定压下含有最高量的水蒸气而不能再吸收时的空气状态称为饱和状态。当空气达到饱和状态时的绝对湿度称为饱和绝对湿度，用符号 $\gamma_{饱}$ 表示。其值等于在该温度下饱和水蒸气的密度，单位为 $\mathrm{kg/m^3}$。常压下饱和绝对湿度随着空气温度的升高而急剧增加。各温度下空气的饱和绝对湿度如表 10-2 所示。

各温度下空气的饱和绝对湿度　　　　　　　　　　表 10-2

温度（℃）	$\gamma_{饱}$（kg/m³）	温度（℃）	$\gamma_{饱}$（kg/m³）
−15	0.00133	45	0.06542
−10	0.00214	50	0.08294
−5	0.00324	55	0.10422
0	0.00484	60	0.13009
5	0.0068	65	0.16105
10	0.00939	70	0.19795
15	0.01282	75	0.24165
20	0.01729	80	0.29299
25	0.02303	85	0.35323
30	0.03036	90	0.42807
35	0.03959	95	0.50411
40	0.05113	100	0.58817

注：饱和绝对湿度可接近 100℃，但到不了 100℃，如到 100℃就全是水蒸气而无空气了，这不可能。某教科书算到 99.4℃，为 0.58723kg/m³。

3）相对湿度

空气的绝对湿度与同温度下的饱和绝对湿度的比值称为空气的相对湿度。空气的相对湿度又称湿度百分率，说明空气为水分所饱和的程度，用 φ 来表示。

$$\varphi = \frac{\gamma_{绝}}{\gamma_{饱}} \times 100\%$$

相对湿度是反映空气吸收水分能力的重要参数。此值越小，表示该空气离饱和状态越远，吸收水分的能力越大；反之，此值越大，表示该空气越接近饱和状态，吸收水分的能力越小。当相对湿度为零时，则此空气为干空气；当相对湿度为 100％时，则此空气已为水蒸气所饱和，不能再吸收水分，不能用作干燥介质。湿空气的密度总是小于干空气的密度。

例 10-2：50℃时 1m³ 空气中含 0.07465kg 水蒸气，求该空气的相对湿度。

解：查 10-2 可得 50℃时空气的饱和绝对湿度 $\gamma_{饱} = 0.08294kg/m³$。

根据已知条件，$\gamma_{绝} = 0.07465kg/m³$，则：

$$\varphi = \frac{\gamma_{绝}}{\gamma_{饱}} \times 100\% = \frac{0.07465}{0.08294} \times 100\% \approx 90\%$$

例 10-3：30℃时空气的相对湿度为 40％，求该空气的绝对湿度。

解：查表 10-3 得 30℃时空气的饱和绝对湿度 $\gamma_{饱} = 0.03036kg/m³$。根据已知条件，$\varphi = 40\%$。

$$\gamma_{绝} = \gamma_{饱} \cdot \varphi = 0.03036 \times 40\% = 0.01214kg/m³$$

此外，空气的相对湿度还可以用水蒸气分压力和饱和水蒸气分压力的比值来表示：

$$\varphi = \frac{\gamma_{绝}}{\gamma_{饱}} \times 100\% = \frac{P_{水蒸气}}{P'_{水蒸气}}$$

式中 $P_{水蒸气}$——空气中水蒸气的分压力（N/m²）；

$P'_{水蒸气}$——空气在饱和状态时水蒸气的分压力（N/m²）。

湿空气中饱和水蒸气分压力如表 10-3 所示。

湿空气中饱和水蒸气分压力   表 10-3

温度（℃）	$P'_{水蒸气}$		温度（℃）	$P'_{水蒸气}$	
	kg/m²	N/m²		kg/m²	N/m²
−20	10.5	103.01	45	977.3	9587.31
−15	16.85	165.3	50	1262.1	12381.2
−10	26.5	260	55	1604.8	15743.09
−5	40.91	401.33	60	2040.9	20021.23
0	62.25	610.68	65	2550	25015.5
5	88.96	872.7	70	3198.7	31379.25
10	125.2	1228.21	75	3931	38563.11
15	173.68	1703.8	80	4872.5	47799.23
20	238.7	2341.65	85	5895	57829.95
25	322.98	3168.43	90	7320.6	71815.09
30	433.4	4251.65	95	8620	84562.2
35	573.4	5625.05	99.4	10128	99355.68
40	753.95	7396.25	100	10335.6	101392.24

16. 热力学第一定律

是以能量守恒和转换定律为基础的热力学基本定律。它有许多种表达方式，例如："外界传递给一个物质系统的热量等于系统内能的增量和系统对外所作功的总和""一个系统在一定状态下有一定的能值，如果这个系统的状态发生变化，系统中能量的变化完全由始态和终态决定，与中间过程无关"。应用第一定律可作各种物理、化学变化中能量平衡的计算。

17. 热力学第二定律

是关于热量或内能转变为机械能或电磁能，或者是机械能或电磁能转变为热量或内能的特殊规律。它有许多表述方式，其中之一是："不可能把热从低温物体传到高温物体而不引起其他变化"。此外还有很多说法，但本质上都是一致的。热不能自发地从低温流向高温，但能自发地从高温流向低温，也就是说自发过程是有方向性的。通过第二定律的研究，可以判断在给定条件下过程进行的方向和限度，即在什么情况下变化到达平衡。

18. 热量和热量单位

要了解热量，必须懂得物体的内能是什么。众所周知，世间万物都是由大量分子组成的。由于分子一直处于热运动状态，就必然有动能，温度愈高，分子运动速度愈快，它的平均动能也就愈大。此外，世界上万物间无不存在着相互作用力，分子间的相互作用力使它们具有分子相对位置所决定的势能——分子势能。物体所有分子的动能和势能的总和就是物体的内能。

我们说物体放出多少热量,指的是物体减少了多少内能;物体吸收了多少热量,指的是物体增加了多少内能。因此,热量是在热传递过程中物体内能变化的量度。

热量习惯用的单位是卡或千卡。粗略来说,1g 纯水温度升高或降低 1℃所吸收或放出的热量就是 1cal。严格来讲,1g 纯水,在一个标准大气压下,温度从 14.5℃上升到 15.5℃所吸收的热量是 1cal。1948 年,废除过去所定义的卡,改用"焦耳"作为热量和功的统一单位。1J 约等于 0.239cal。根据规定,我国已于 1984 年开始全面推行《中华人民共和国法定计量单位》,其中能量的单位就是焦耳。

19. 传导传热、对流传热和辐射传热

传热有三种方式:传导传热、对流传热和辐射传热。

1)传导传热

热能从一个物体传到另一个物体或从物体的一部分传到另一部分,但物体的分子并不发生移动,这种传热方式叫作传导传热。单纯的传导传热主要发生在固体中(在液体和气体中也有传导传热存在,但往往伴有其他传热方式)。固体表面受热时,表面分子发生振动,与邻近的分子碰撞,把热能传给邻近的分子,邻近的分子受热后又发生振动、碰撞,把热能再传给里面的分子,这样一直到固体表面温度与内部温度相等时,传热过程才告结束。

传导传热可分为两种基本情况:稳定传热和不稳定传热。稳定传热时,物体中每一点的温度在整个时间内都保持不变,但沿热流方向的不同距离处的各点温度则并不相同,任何部分物体的热能都没有增加和减少,即传入与传出的热量相等。如隧道窑的窑体属稳定传热。不稳定传热时,物体中每一点的温度随时间发生变化,即传入与传出的热量不相等。当传入热量大于传出热量时,则有热量蓄积于物体中,即物体被加热,物体各点温度随时间而上升;反之,物体各点温度随时间而下降。如轮窑的窑体属不稳定传热。

物体传导传热量的大小与其导热能力、内外温度差、传热面积和传热时间成正比;与物体的厚度成反比。

物体的导热能力以导热系数来表示。导热系数是指当温度为 1℃时每小时流经厚度为 1m、表面积为 1m^2 的热量。单位是瓦特每米开尔文 [W/(m·K)]。

凡是导热系数 $\lambda \leqslant 0.23$W/(m·K)的材料,通常用作绝热和保温材料。

2)对流传热

热量随着流体——气体或液体运动从高温部分到低温部分的传热方式,叫作对流传热。对流传热是气体或液体传热的基本方式,也是气体向固体或固体向气体传热的一种方式。

气体发生对流运动的原因有两种:其一是由于气体本身的温度差引起的,这种对流叫作自然对流;其二是由于机械作用引起的,这种对流叫作强制对流。

气体与固体之间的传热，是由于流动的气体分子与固体表面接触时将热传给固体表面或将热由固体表面带走。气体流经固体表面时，在气体与固体表面的交界处有一层气膜粘附在固体表面上，这层气膜对对流传热的影响很大。当气体运动慢时，气膜较厚，传热速度较慢；当气体运动加快时，气膜变薄，传热速度加快；当气体作高速运动时，气膜被气流带走，气体分子与固体表面直接撞击，此时的传热速度最快。所以，在对流传热中，气体的流速越快，传热也越快。

3）辐射传热

热能不以物质为媒介，而以电磁波的形式在空间传递热量的方式叫作辐射传热。

电磁波具有不同的波长。能为物体吸收，并且吸收后又重新转变为显著热量的电磁波是红外线和可见光，波长为 $0.4\sim40\mu m$。在放热处，热能转换为一种所谓电磁波的辐射线，以光的速度穿过空间，当和某一物体相遇时，则被该物体所吸收或透过该物体，或重新被反射出来，凡是被物体吸收的辐射能又转换为热能。

焙烧砖瓦的高温阶段，气体与砖瓦之间的传热主要是以辐射传热的方式进行的。

在焙烧窑的焙烧过程中，传热往往不是以单一方式进行的，而是以两种或两种以上的综合方式进行的。

预热带：热气体以对流方式为主将热量传给坯体表面，坯体表面再以传导方式将热量传至坯体内部。

冷却带：冷空气以对流为主的方式与坯体传热，将坯体表面热量带走，坯体内部又以传导方式将热量传至坯体表面。

焙烧带：①外燃烧砖瓦。外加煤燃烧加热气体，热气体以辐射方式将热量传给砖瓦坯体，砖瓦坯体又以传导方式使热量由其表面传至内部，直到坯体温度升高到烧成温度，这一传热过程较慢，故外燃烧砖瓦的火行速度一般不快，产量不高。②内燃烧砖瓦。砖瓦坯内燃料燃烧发出的热量不但以辐射方式传给气体，而且砖瓦坯体之间同样以辐射方式进行传热，故能迅速提高焙烧温度，加快焙烧进度，产量较高。

20. 材料的耐久性

耐久性是指材料在长期使用过程中抵抗各种自然因素及其他有害物质长期作用，能长久保持其原有性质的能力。

耐久性是衡量材料在长期使用条件下安全性能的一项综合指标，抗冻性、抗风化性、抗老化性、耐化学腐蚀性等，均属耐久性的范围。材料在使用过程中会与周围环境和各种自然因素发生作用，这些作用包括物理、化学和生物的作用。物理作用一般是指干湿变化、温度变化、冻融循环等。这些作用会使材料发生体积变化或引起内部裂缝的扩展，而使材料逐渐被破坏。化学作用，包括酸、碱、盐等物质的水溶液及有害气体的侵蚀作用，这些侵蚀作用会使材料逐渐变质进而被破坏。生物作用是指菌类、昆虫的侵害作用，包括使材料因虫蛀、腐朽而被破坏。因而，材料的耐久性实际上是衡量材料在上述多种作用下能长久保持原有性质进而保证安全正常使用的性质。

实际工程中，材料往往受到多种破坏因素的同时作用。材料品质不同，其耐久性的内容各有不同。砖瓦常受化学、溶解、冻融、风蚀、温差、湿差、摩擦等其中某些因素或综合因素共同作用，其耐久性指标更多地包括抗冻性、抗风化性、抗渗性、耐磨性等方面的要求。

21. 材料的热膨胀性

材料的热膨胀性是指其体积或长度随温度升高而增大的物理性质。材料的热膨胀可以用线膨胀率和线膨胀系数表示，也可以用体膨胀率和体膨胀系数表示。线膨胀率是指由室温至试验温度间，试样长度的相对变化率（%）。线膨胀系数是指由室温至试验温度间每升高 1℃，试样长度的相对变化率。

22. 传热系数

传热系数过去称为总传热系数，国家现行标准统一定名为传热系数。传热系数 K 值，是指在稳定传热条件下，围护结构（建筑物外墙体）两侧空气温度差为 1℃ 或 1K 时，1h 内通过 1m^2 面积（墙面）传递的热量，单位是瓦每平方米开尔文［W/(m^2·K)，此处 K 也可由℃代替］。传热阻是传热系数的倒数。因此，外墙体的传热系数 K 值越小，或是传热阻值越大，其保温性能就越好。传热系数又与材料的当量导热系数在一定程度上成正比关系，因此，降低烧结砖瓦产品的导热系数对节能建筑是有利的，如高性能的烧结保温隔热砌块。

23. 过剩空气系数

为了使燃料趋于完全燃烧，实际上要供应比理论值多的空气量。多出的部分叫作过剩空气。实际空气用量与理论空气用量之比值称为过剩空气系数（α）。

$$\alpha = \frac{实际空气用量}{理论空气用量}$$

过剩空气系数可以由测得的烟气成分计算求得：

完全燃烧时：

$$\alpha = \frac{21}{21 - 79 \dfrac{M_{O_2}}{M_{N_2}}}$$

不完全燃烧时：

$$\alpha = \frac{21}{21 - 79 \left(\dfrac{M_{O_2} - 0.5 M_{CO}}{M_{N_2}} \right)}$$

式中　M_{O_2}、M_{N_2}、M_{CO}——烟气中氧气、氮气、一氧化氮的百分含量（%）。

24. 热桥

热桥过去称为冷桥，国家现行标准统一定名为热桥。热桥是指处在建筑物外墙和屋面等围护结构中的钢筋混凝土或金属梁、柱、肋等部位，因在这些部位传热能力很强，热流较密集，热损失大，故称为"热桥"。常见的热桥出现在建筑物外墙周边上的钢筋混凝土抗震柱、圈梁、门窗过梁处，钢筋混凝土或金属框架梁、柱，钢筋混凝土或金属屋面板中的边肋或小肋，以及金属玻璃窗幕墙中或金属窗中的金属框等。热桥也是引起北方建筑在冬季室内结露霉变的主要原因。烧结砖瓦构件本身就是一种很好的阻止热桥的产品。

25. 介质

科学上是指某些能传递能量或运载其他物质的物质。例如，流动的热气体通过传递热能，从而产生蒸气并带走湿坯体的水分，使湿坯体得到干燥，则该热气体称为湿坯体的干燥介质。

26. 固相反应

固相反应一般是指固相间所发生的化学反应，有时也包括液体或气体渗入固相内所发生的反应。起重要作用的因素是以扩散作用最为突出，一般包括界面上的反应和物质迁移两个过程。固相反应开始温度常常低于物质的熔点或系统低共熔点温度，反应物粒度的大小、温度和压力的高低等有着重要影响。在硅酸盐（包括砖瓦）等工业中有实际意义。

27. 砖瓦原料的化学成分要求范围（表10-4）

砖瓦原料的化学成分要求范围 表10-4

化学成分（％）	要求程度	要求范围			
		普通实心砖	承重空心砖	平瓦	薄壁制品
SiO_2	适宜	55～70	55～70	55～70	55～70
	允许	50～80	50～80	50～80	50～80
Al_2O_3	适宜	10～20	10～20	10～20	10～20
	允许	5～25	5～25	5～25	5～25
Fe_2O_3	适宜	3～10	3～10	3～10	3～10
	允许	2～15	2～15	2～15	2～15
CaO	允许	0～15	0～15	0～15	0～10
MgO	允许	0～5	0～5	0～5	0～5
SO_3	允许	0～3	0～3	0～3	0～3
烧失量	允许	3～15	3～15	3～15	3～15

28. 砖瓦原料化学成分对制品的影响

1）二氧化硅（SiO_2）

二氧化硅既能以与各种铝硅酸盐矿物结合的形式存在，又能以自由的形式存在。二氧化硅以自由的形式存在时，偏粗的颗粒起着瘠性物料的作用。故以自由形式存在的二氧化硅含量多时，会削弱原料的可塑性，砖坯干燥收缩和烧成收缩小，有利于快速干燥，但制品抗压强度低；二氧化硅含量过少，则满足不了硅酸盐矿物固相反应的需要，制品抗冻性能差。

2）三氧化二铝（Al_2O_3）

三氧化二铝的含量是原材料可塑性的象征，三氧化二铝含量多，可提高原料的可塑性，砖坯的焙烧温度偏高，制品的耐火度高，但抗冻性能差；三氧化二铝含量过少，同样满足不了矿物固相反应的需要，制品的抗折强度低。

3）氧化铁 Fe_2O_3

氧化铁是一种助熔剂，在焙烧时较低温度下熔融形成低共熔体。氧化铁常以赤铁矿（Fe_2O_3）或褐铁矿（$Fe_2O_3 \cdot 3H_2O$）等形式存在。氧化铁含量较多时，烧成温度偏低，制品的耐火度低。另外，它影响制品的颜色。焙烧时窑内处于还原焰气氛时，氧化铁被还原成低价铁的氧化物，制品呈黑灰色；焙烧时窑内处于氧化焰气氛时，则制品呈紫红色。

当 Fe_2O_3 含量大于 10％时，则会缩小制品烧结温度范围。

4）氧化钙 CaO 和氧化镁 MgO

细散状态的碳酸钙和碳酸镁（钙和镁是以碳酸盐状态存在于原料中）是强烈的助熔剂，在焙烧期间与硅酸盐结合。这些物质部分来自黏土矿物本身，但是主要来自碳酸钙（石灰石）和碳酸镁（尤其是白云石）。当石灰石的颗粒足够细并能在坯体中均匀分布时，焙烧期间形成的石灰就能与坯体中的其他成分结合，形成了复杂的钙铝硅酸盐物质，这些物质具有极好的机械性能和清淡的色彩，其颜色范围可从粉红色到浅黄色，随产品焙烧温度的增高而变得更淡。最终产品的颜色取决于钙、铁、铝的相对含量。如果坯体中 CaO/Al_2O_3 的比率大于 1 时，无论铁的含量达到什么程度，焙烧后产品均保持黄颜色。否则，产品是红颜色。当 $Fe_2O_3/CaO < 0.5$ 时，就可获得黄色的色调。烧结之后产品中的铁不再以氧化铁的形式存在，而是以铁钙化合物的形式存在（铁酸钙：$CaO \cdot Fe_2O_3$ 和 $2CaO \cdot Fe_2O_3$）。当 $Fe_2O_3/CaO < 0.45$ 时，其色调是米黄色。如果 $Fe_2O_3/CaO > 0.9$，产品是红色。

在焙烧过程中，碳酸盐的分解导致 CO_2 的释放，致使产品具有相对高的孔隙率。

当 $CaO + MgO$ 含量 $> 10％$时，则会缩小制品烧结温度范围。

5）氧化钾 K_2O 和氧化钠 Na_2O

碱金属氧化钾和氧化钠主要来自长石、伊利石、云母及蒙脱石，它们起着助熔剂的作用。在焙烧期间，当碱金属氧化物与其他物质（例如氧化铁）结合时，就会导致玻化反应，形成液相，使产品具有较高的机械强度和较低的孔隙率。云母出现液相的温度约为 950℃，而长石则在更高的温度下玻化。

6）三氧化硫 SO_3

三氧化硫是以硫酸盐（二水石膏 $CaSO_4 \cdot 2H_2O$，无水石膏 $CaSO_4$）和硫化物（黄铁矿、白铁矿）状态存在于原料中，是不受欢迎的成分，它在焙烧时产生二氧化硫 SO_2 气体，腐蚀金属设备，造成产品泛霜，并有损于操作工人的健康，同时因二氧化硫气体体积膨胀，使产品成松散状，影响产品质量。

7）烧失量

烧失量是因原料中存在有机物所致。黏土中有机物含量一般为 2.5％～14％，它主要由动植物腐烂生成。含有机物多的原料可塑性一般比较高，制品干燥后强度较高，但干燥收缩大，干燥速度过快，则易开裂。焙烧时烧失量较大，制品孔隙率亦较高。因此，要求原料中有机物含量越少越好。

29. 二氧化硅的几种形态

除了氧之外，硅也是地壳表层中分布最广的一种元素。地壳约 25.8% 是由硅组成，以二氧化硅 SO_2（硅石、石英、砂石、含水蛋白石和燧石）和不同硅酸盐类诸如长石、云母、黏土、石棉等形式存在。

二氧化硅 SiO_2 是烧结砖瓦原料的重要成分之一，一般占 55%～70%。SiO_2 成分除了黏土、长石供给一部分外，石英是主要供给者。由于 SiO_2 属于瘠性物料，它的存在可以降低坯体干燥的收缩和变形。此外，由于它在高温下多晶转化产生的体积膨胀，抵消了制品在高温下的收缩，因而改善了烧成条件，防止因收缩过甚而引起的开裂和变形。SiO_2 在烧成过程中，除了溶解一部分成为长石玻璃外，多数 SiO_2 还构成制品的骨架。

组成石英矿物的 SiO_2，可以形成几种不同的结晶形态和一种无晶形态，所有这些形态在温度改变时，都能产生同质异形的转化作用，并伴随着体积的变化。这与烧结砖瓦的质量有着密切的关系。二氧化硅有八种形态，β、α-石英，β、α、γ-鳞石英，β、α-方石英及石英玻璃。高温安定形态以 α 表示，低温安定形态以 β 表示。在自然界仅有 β-石英存在，而鳞石英和方石英为数很少。这八种形态的转化如下：

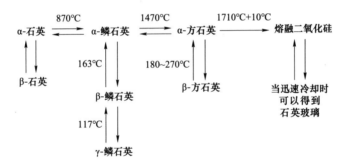

值得注意的是，二氧化硅主要形态的快速晶形转化，即

$$\beta\text{-石英} \overset{573℃}{\Longleftrightarrow} \alpha\text{-石英}$$

从低温安定形到高温安定形，体积增加 0.82%；反之，体积减小 0.82%。

透明的石英晶体称作水晶，紫色的是紫晶，各种淡黄色、金黄色和褐色的是烟晶，黑色几乎不透明的是墨晶。烟晶和紫晶经琢磨可作半宝石。

30. 原料的颗粒分级及各级颗粒的作用

由于黏土矿物大部分存在于粒径小于 0.002mm 的颗粒中，而原料的许多性能又取决于黏土矿物组成，所以国际上不少国家都是以粒径大于 0.02mm、粒径 0.02～0.002mm、粒径小于 0.002mm 来分级的。

粒径大于 0.02mm 的颗粒称为砂粒，它没有黏结性能，在干燥和焙烧过程中主要起骨架作用，它的含量多少影响着坯体成型、干燥和焙烧性能。如原料中砂粒的含量少，则成型比较容易，但干燥比较困难，焙烧温度降低；反之，如原料中砂粒的含量多，则成型比较困难，但干燥比较容易，焙烧温度提高。

粒径 0.02～0.002mm 的颗粒称为尘粒，它有一定的黏结性能，但干燥后松散，它在坯体成型和焙烧过程中，一方面起骨架作用，另一方面起填充作用。

粒径小于 0.002mm 的颗粒称为黏粒，它有黏结性能，干燥后结合力强。在坯体成型和焙烧过程中起填充作用，与水作用产生可塑性。黏粒不能太少，也不能太多，太多会导致干燥困难。

原料中的砂粒、尘粒和黏粒三组分要有合适的比例，才能作为制造砖瓦的原料。

31. 原料颗粒组成要求范围

原料的颗粒组成就是不同细度的颗粒在原料中含量的数量比。颗粒组成直接影响原料的可塑性、收缩率和烧结性等性能。一般情况下，颗粒越细，则可塑性越高；收缩率越大，干燥敏感性系数越高。

原料的颗粒组成要求范围如表 10-5 所示。

原料的颗粒组成要求范围 表 10-5

产品名称	颗粒组成（%）		
	粒径<0.002mm（黏粒）	粒径 0.002～0.02mm（尘粒）	粒径>0.02mm（砂粒）
实心砖	10～49	>10	<70
承重空心砖	20～50	>10	<60
瓦	23～51	10～47	8～48
薄壁制品	24～49	30～47	6～34

32. 原料的塑性指数

根据塑性指数的大小可分为：

高可塑性：塑性指数大于 15。

中等可塑性：塑性指数 7～15。

低可塑性：塑性指数小于 7。

原料的塑性指数要求范围如表 10-6 所示。

原料的塑性指数要求范围 表 10-6

产品名称	塑性指数	
	适宜	允许
实心砖	9～13	6～17
承重空心砖	9～14	7～17
瓦	15～17	11～27
薄壁制品	15～17	11～27

33. 原料的热制备

疏解是制备均匀化的前提。泥料被水润湿时发生膨胀。泥料膨胀得越充分，其原有的颗粒构造就破坏得越充分，促使泥料疏解，为改善坯体的性能创造条件。热制备是疏解泥料的一个重要手段。

蒸气是一种良好的热湿载体，能快速均匀地将每一个原料颗粒形成水膜。

在搅拌过程中通过蒸气加热比加冷水的湿化、均化、增塑作用显著得多。与未经热处理的原料相比，加热处理的优点是：①可降低成型水分1%～3.5%；②降低动力消耗20%～30%；③可增加干燥过程中的扩散速度，从而可缩短坯体干燥周期15%左右；④提高坯体抗弯曲强度40%左右；⑤显著提高挤出机的生产效率，在成型水分降低的情况下，泥料的颗粒之间有着极强的结合能力，泥条的抗压和抗剪强度提高，在挤出泥条时，因速度梯度而形成的剪切力不能使泥条内部形成滑移面，阻碍了螺旋纹的形成，减少了废品率。

如无条件加蒸气，可加热水。如使泥料加热至40～70℃可取得较好的效果，这是因为热水的黏度比冷水小，对提高原料的塑性、成型性能、加速原料的湿化亦有好处。

34. 原料的风化

风化是地质学名词，是"自然制备"的一种形式。大多数黏土是由风化作用形成的，风化程度较差的黏土质原料开采以后若进一步风化，可以提高其成型、干燥、焙烧性能。风化是将原料堆放在露天，受到太阳、风、雨、冰冻的作用（主要是体积胀缩变化），料块进一步松解崩裂，使其颗粒细度提高，可溶性盐（引起砖泛霜的不利物质）被雨水洗除一部分，可塑性提高，其他工艺性能随之得到改善和稳定。此外，由于风化造成黏土原料松解崩裂，使其更易粉碎，这一做法对硬度较大的黏土（包括硬度较大的页岩和煤矸石）意义更大。即使发达国家机械化程度较高的砖厂，为了生产高孔洞率、高质量的空心砖，对原料处理也不乏使用风化手段。我国不少砖厂已经尝到原料风化处理的甜头。如湖南省长沙市一砖厂和二砖厂的原料为山土，刚采掘的原料颗粒粗、塑性低、成型困难、成品质量差，但经风化一年后，颗粒变细，塑性大大提高，完全能满足生产要求。故这两个厂都很强调要使用"隔年土"。北京市规模较大的空心砖厂，原料多数经过较长时间的风化。如北京市西六建材有限责任公司用作生产空心砖的黏土原料必须经过1.5～2年的风化期（也就是说，原料堆放在露天要经历两个冬季），该厂十分强调使用经冰冻后融化了的原料。如使用风化期太短，或未经冰冻过的原料，则成型、干燥、焙烧的废品率明显增加，成品质量也明显下降。由于风化后使大块变小、硬块变软，因而减少了对粉碎等设备的磨损。

35. 真空处理

真空处理的目的是减小产品的孔隙率，改善原材料的可塑性能和提高坯体的内聚力。坯体中的气泡在挤出过程中被强烈地挤压，成为长形的、扁平形的有较大胀引力的压缩体，这些气泡的存在会削弱制品的强度等性能。和密实产品相比，当气孔率增大到

8.5%时，抗压强度下降30%；当气孔率为27%时，抗压强度下降60%。

真空处理对于提高原料的密度有较大的作用。

36. 原料（或坯体）的干燥敏感性

原料（或坯体）在干燥过程中产生开裂的倾向性称为原料的干燥敏感性。干燥敏感性高的原料在干燥过程中容易出现裂纹；反之，干燥敏感性低的原料在干燥过程中不容易出现裂纹。因此，干燥敏感性低的坯体可以比干燥敏感性高的坯体具有较快的干燥速度。

原料（或坯体）的干燥敏感性用干燥敏感性系数表示。

砖瓦坯料按干燥敏感性系数大小大致分等，如表10-7所示。

干燥敏感性系数分等 表 10-7

名称	低敏感性	中等敏感性	高敏感性
干燥敏感性系数	<1	1~2	>2

37. 水在不同温度下的汽化热

水在不同温度下的汽化热如表10-8所示。

水在不同温度下的汽化热 表 10-8

温度（℃）	水的汽化热（kJ/kg）（kcal/kg）		温度（℃）	水的汽化热（kJ/kg）（kcal/kg）	
0	(2487.1)	[595]	150	(2115.1)	[506]
10	(2466.2)	[590]	180	(2015)	[482]
20	(2441.1)	[584]	200	(1956)	[468]
45	(2382.6)	[570]	220	(1881)	[450]
50	(2374.2)	[568]	250	(1705)	[408]
80	(2303.2)	[551]	300	(1379)	[330]
100	(2253)	[539]	374	(0)	[0]
120	(2199)	[526]			

38. 湿坯体的静停

湿坯体采用人工干燥时，成型后（可直接码在干燥车或窑车上）先让其置于厂房（室）内阴干或室外自然干燥一段时间（一般为24h或48h），利用自然界的免费能源（风能和太阳能）使之缓慢地蒸发一些水分。这段时间被人们称为湿坯体的"静停"。静停后坯体中的水分向临界水分接近了一些，坯体强度也提高了一些。较平稳地度过水分蒸发初期，也就是容易产生干燥缺陷的危险期。这样做不但可以减少热能消耗，使人工干燥周期缩短，而且经干燥后的坯体质量会更好。但静停时间长，需占用干燥车或窑车数量多，且牵引机需频繁动作。

凡经热制备的坯体，成型后可立即推入干燥室（窑），但如果仍先静停一段时间再进行人工干燥，静停阶段会蒸发更多的水分，坯体强度会有更大的提高。较高的环境温度可使静停效果更好一些。环境温度低于0℃时，不能采用静停工艺，以免冻坏坯体。

值得注意的是，近年来"自然干燥"又作为一个明智的干燥方式重新受到人们的青眛。其主要原因为：

（1）由于自然干燥周期长，缓慢干燥可收获高质量的干坯体。

（2）人工干燥热耗高，几乎和焙烧热耗一样多，采用自然干燥可减少大量热耗。

39. 砖瓦焙烧的任务

烧结砖瓦生产的前几个工序，即原料制备、坯体成型和坯体干燥是一个量变过程，而最后一个工序焙烧不但最终完成了量变，而且承担质变的全过程。

焙烧是通过高温处理，使坯体发生一系列物理化学变化，形成预期的矿物组成和显微结构，从而达到固定外形并获得要求性能的工序。因此，焙烧是实现由砖瓦坯体成为砖瓦产品的过程。

焙烧的任务就是烧火、看火、管火、用火。在某种意义上可以说烧结砖瓦的生产是一种火的艺术，而窑炉是展示火艺术的平台。在火的陶冶下，使灰暗、无声、乏力的坯体培育成金灿灿、响当当、刚强坚实的艺术品——烧结砖瓦。

不适当的焙烧制度不但影响产品产量和质量，甚至还会造成废品。故掌握砖瓦焙烧机理、制定合理的焙烧制度、正确选择焙烧窑炉是十分重要的。

为制定合理的焙烧制度，就必须对坯体在焙烧过程中所发生的物理化学变化的类型及其规律有着深入的了解。

40. 稳定流动和不稳定流动

流体在流动过程中，若流经任意一个固定点时，所有与流动有关的物理量，如流速、压力、密度等都不随时间变化，这种流动称为稳定流动；否则，是不稳定流动。

窑内气体的流动，一般都是不稳定流动，但若变化不大，或适当划分区域，使气体在该区域内各流动参数近似不变，就可视为稳定流动，使问题的分析处理大大简化。

41. 气体分层

气体分层是沿窑室高度气体温度不均匀的现象。当同一横断面上气体温度不均匀时，由于温度不同而造成气体密度不同，形成热气体在上、冷气体在下的分层现象。当窑内处于负压，有冷空气漏入时，则气体分层现象更为严重。分层现象的存在，将影响产品质量和导致烧成时间延长，降低产量。为了削弱气体分层现象，气体在隧道窑中的流速不应小于 1.5m/s。采用气体循环的办法，可增加气体流速。向窑内鼓风可促使其横断面温度均匀，从窑内抽风会加剧其横断面气体分层。

42. 一个大气压不同温度的空气密度

不同温度的空气密度如表 10-9 所示。

不同温度的空气密度　　　　　　　　　　　　　　表 10-9

温度（℃）	0	5	10	15	20	25	30	35	40	50	60	70	80	90	100
密度（kg/m³）	1.293	1.27	1.248	1.226	1.205	1.185	1.165	1.146	1.128	1.093	1.06	1.029	1	0.973	0.947

温度 （℃）	120	140	160	180	200	250	300	350	400	500	600	800	1000	1100	1200
密度 （kg/m³）	0.899	0.855	0.815	0.78	0.747	0.674	0.616	0.566	0.525	0.457	0.405	0.329	0.278	0.257	0.24

43. 内燃料

通过坯体内原有的或外加的固态含能物质的燃烧来完成（或帮助完成）焙烧工序，称为内燃焙烧。坯体内原有的或外加的固态含能物质叫作内燃料。

常用的内燃料有煤、煤矸石、粉煤灰和炉渣等。亦有使用锯末、塑料废屑等的。

在保证配合料的性能满足成型要求的前提下，内燃料的掺入量主要根据内燃程度、制品的焙烧耗热量和内燃料的发热量来确定。

所谓内燃程度是指内燃料能够发出的热量和制品烧成所需要消耗热量的比值。

内燃料能够发出的热量等于制品烧成所需要的热量称为全内燃，小于则称为部分内燃，大于则称为超内燃。

超内燃焙烧的主要缺点是，易出过火砖、黑心砖和砖面压花，给焙烧操作带来一定的困难（操作不当易发生倒窑事故）。因此，多数采用"内燃为主，外燃为辅"的方法。重庆地区一些砖厂的内燃程度为85%左右。

44. 砖瓦焙烧的原理

经干燥后的砖瓦坯体进入窑内，在加热焙烧过程中会发生一系列物理化学变化，这些变化取决于坯体的矿物组成、化学成分、焙烧温度、烧成时间、焙烧收缩、颗粒组成等，此外窑内气氛对焙烧结果也是一个重要的影响因素。变化的主要内容有：矿物结构的变化，生成新矿物；各种组分发生分解、化合、再结晶、扩散、熔融、颜色、密度、吸水率等一系列的变化。最后变成具有一定颜色、致密坚硬、机械强度高的制品。

当坯体被加热时，首先排除原料矿物中的水分。在200℃以前，残余的自由水及大气吸附水被排除出去。在400～600℃时结构水自原料中分解，使坯体变得多孔、松弛，因而水分易于排除，加热速度可以加快。此阶段坯体强度有所下降。升温至573℃时，β-石英转化成 α-石英，体积增加0.82%，此时如升温过快，就有产生裂纹和使结构松弛的危险。600℃以后固相反应开始进行。在650～800℃时，如有易熔物存在，开始烧结，产生收缩。在600～900℃时，如果原料中含有较多的可燃物质，这些物质需要较长的时间完成氧化过程。在930～970℃时，碳酸钙（$CaCO_3$，）分解成为氧化钙（CaO）和二氧化碳（CO_2）。

焙烧使原料细颗粒通过硅酸盐化合作用，形成不可逆的固体。

冷空气通过冷却带的砖瓦垛，由于热交换过程制品被冷却到20～40℃。冷却的速率因原料而异，尤其冷至573℃时，游离石英由 α 型转变为 β 型，体积急剧收缩0.82%，使坯体中产生很大的内应力。此时应缓慢冷却，否则易使制品开裂。

玻璃相（约为2％或更少）及少量莫来石的产生是砖瓦制品强度提高的主要原因。焙烧温度1000℃时，多孔砖的抗压强度比900℃时约高50％；焙烧温度950℃时多孔砖的抗压强度比900℃时约高25％。与砖比较，瓦通常需要在更高的温度下焙烧。

45. 传热

传热是由于两个物体间有温度差而发生的能量转移过程，传热的结果是传热的物体温度降低，使冷的物体温度升高，根据物体温度的这种变化，就可以计算出传过分界面热量的多少。热量是一个过程量，它是物体能量变化的量度。

在焙烧砖瓦的窑炉里，用炽热的火焰加热砖瓦坯体，坯体温度逐渐升高，完成焙烧过程成为砖瓦产品。坯体温度升高是接收了火焰（高温气体）传给它的热量，在窑炉内不仅存在着火焰向被加热的坯体传热，而且还有坯体表面与内部之间、火焰向窑炉内壁和窑炉内壁向外壁等的传热。已经焙烧好还处于高温状态的制品，要用冷空气使其冷却，制品冷却放出的热量加热了空气，使空气温度升高。因此，传热是窑炉内发生的重要过程之一。有些传热过程是我们期望的，是有益于生产的，如产品的加热和冷却过程等；有些传热过程是我们不希望发生的，是有害的，如窑壁传向外界的热（散热），不但造成热能无谓的损失，而且恶化了环境。研究传热的目的主要是寻求强化及有效控制有益的传热过程，以及减弱有害传热的办法，以提高产品质量、产量和热能利用率，降低燃料消耗。

客观规律告诉我们，热量总是自发地从高温物体传向低温物体，就像水总是从高处流向低处以及电流总是由高电位流向低电位一样。温度差是传热的最基本条件，是传热的推动力，没有温差就不会发生传热过程。温差越大，单位时间传过单位面积的热量越多。

46. 制定烧成制度的原则

制定烧成制度应遵循的原则是：以现代质量控制体系为核心，寻求材料的力学和热学条件的统一，在确保烧成质量的前提下，实现快速烧成，以达到高产、低耗的目的。

制定烧成制度应考虑的因素：

（1）根据坯体化学成分和矿物成分可确定所属相图，以及胀缩曲线及显气孔率曲线，可以初步判断烧成温度和烧结温度范围，以及在焙烧过程的不同温度阶段分解气体量的多少。

（2）根据差热曲线了解坯体吸、放热情况，以及坯体形状尺寸和坯体力学、热物理性能的测定，再通过综合判断，可确定制品各阶段极限升温速率和最大供热速度。

（3）窑炉结构特点，码窑图，燃料种类，供热能力大小以及调节的灵活性。

（4）调查了解同类原料和产品生产与试验资料。

砖瓦焙烧时间，有的长达70余小时。长时间的焙烧，不仅增加了燃料消耗与人力浪费，而且影响了窑炉及其附属设备的有效利用，牵制了生产能力的发挥。一般情况下，坯体在窑内任何阶段的升温速度达200℃/h，对质量无影响。只有在坯体局部受热，温度不均的情况下才会产生开裂。因此，缩短焙烧时间，加速窑炉周转，是一个值得研究的问题。

47. 压力制度

即制品在热处理的过程中，控制窑内气体压力分布的操作制度。对隧道窑是指压力随不同车位的变化；对轮窑是指压力随窑道位置的变化；对土窑（间歇窑）是指压力随时间的变化。这种压力变化绘制成的曲线称为压力曲线。窑内压力制度决定窑内气体流动，影响热量交换、窑内温度分布的均匀性以及气氛的性质，是保证实现温度制度和气氛制度的重要条件之一。根据制品烧成时或烧成带内窑内气体压力大小，可分为正压操作、微正压操作、微负压操作、负压操作。

48. 负压操作

即隧道窑和轮窑（连续窑）的烧成带或土窑等（间歇窑）的烧成阶段窑内气压低于大气压时的操作制度。窑内负压越大，冷空气越容易从窑体不严密处进入窑内。因此，即使采用负压操作，只能是微负压。在隧道窑和轮窑（连续窑）的预热带和土窑等（间歇窑）的排潮阶段则普遍采用负压操作。

49. 零压位置

即窑内气压与大气压相等（即相对压差为零）的位置。例如，隧道窑的零压位置常以零压窑车表示。零压位置向预热带偏移，则烧成带正压加大，热损失增加；零压位置向冷却带偏移，则预热带负压加大，易向窑内漏入冷空气和使窑内冷热气体分层加剧。零压位置可通过调节各风机的变频器及烟道闸阀加以控制。

50. 烧成气氛

即在烧成过程中，窑内气体所具有的性质，有氧化、还原和中性三种。当含有过剩的氧时，称为氧化气氛，红色砖瓦一般是在氧化气氛中烧成；当含有一定量的一氧化碳（或在电窑内通过一氧化碳）时，称为还原气氛，青色砖瓦一般是在还原气氛中烧成；当无过剩的氧和一氧化碳时，称为中性气氛，中性气氛在热利用很高的情况下烧出红色砖瓦，但中性气氛在生产过程中难以控制。

在已完全燃烧的前提下，经过烧成带的过剩空气系数 α 每增加1，热效率约下降6%（此值随排出烟气温度的提高而增加）。

51. 对隧道窑整体性能的要求

（1）窑炉必须按批准的设计图纸和相关技术文件施工。

（2）窑炉应满足使用要求，第一次大修期不低于运转5年。

（3）窑炉主体部位不允许出现影响热工性能的破坏性裂纹、位移、坍落、漏气、蹿火现象。

（4）窑炉热耗指标应符合：隧道窑小于 49.7×10^6 kJ/万块；

轮窑（带抽取余热）小于 46.0×10^6 kJ/万块。

52. 对窑炉基础的要求

1）窑炉地基基础开挖的基槽承载力应达到设计要求。设计未明确时，隧道窑地基承载力应大于0.15MPa，轮窑大于0.12MPa，地基承载力达不到要求时，必须进行局部处理。

2）做好窑炉地基基础、地下风道、设备基础的防水处理。

3）隧道窑轨道安装应符合设计要求：

（1）铺设前，轨道应校直。

（2）允许偏差：

钢轨中心线与隧道窑中心线偏差：±1mm。

钢轨水平偏差：±1mm。

钢轨接头间隙偏差：0mm。

钢轨接头高差：0～+0.5mm（进窑、出窑方向）。

4）基础设在最大冰冻深度以下，以免因地下水冰冻膨胀而将基础抬起来。

53. 对隧道窑窑墙的要求

①与窑顶一起将窑道和外界分隔，因窑道内燃料不断燃烧，故要求窑墙能经受高温作用和有害气体的侵蚀；②因窑墙要支撑窑顶，故要有一定的承受重力的能力；③因内壁温度远高于外壁温度，热量会通过内壁向外壁传出，故要求窑墙有较高的绝热性能。

54. 隧道窑的窑顶作用

窑顶的作用与窑墙相似，但窑顶支撑在窑墙上。它除了应耐高温、耐腐蚀、绝热性能好和具有一定的机械强度外，还应具有以下特点：①结构严密，不漏气，坚固耐用；②质量轻，以减小窑墙负荷；③横向推力小，以节省加固结构材料的用量；④有利于减少窑内气体分层。

砖瓦工业隧道窑窑顶结构形式较多，一般可分为拱顶和平顶两大类。

拱顶又有单心拱、双心拱、三心拱、挂钩砖微拱之分。

一般单心拱多用60°、90°、120°、180°拱心角。双心拱多用180°拱心角。三心拱有三个60°的拱心角。拱心角越小则拱越平，横向推力越大。从窑内温度均匀性来说，希望拱心角越小越好。

平顶：①微拱加风挡。可用于中、小断面窑。②吊平顶。可吊耐火砖、耐火混凝土和陶瓷纤维折叠压缩模块。陶瓷纤维折叠压缩模块的优点是：①质量轻；②隔热保温性能好；③建窑工期短；④窑炉使用寿命长。已被越来越多的厂家所接受。

55. 隧道窑的风道形式

通常有两种形式，即钢管外置式和砖砌内置式。采用哪一种，应根据窑体结构等具体情况进行选择。原则是：能采用砖砌内置式的，就不采用钢管外置式。这样做：①节省了钢材；②免去了因烟气对钢管的腐蚀而带来的维修量；③免去了外置钢管的散热损失，有利于节约热能；④取消繁杂的钢管后，使得窑顶面清爽、整洁、美观。

两种风道温度下降大致情况如表10-10所示。

气体温度（℃）	每米长度下降温度（℃/m）		
	砖砌内置式	钢管外置式	
		已绝热	未绝热
200~300	1.5	1.5	2.5
300~400	2	2.6	4.7
400~500	2.5	3.7	6.9
500~600	3	4.8	9.1
600~700	3.5	5.9	11.3
700~800	4	7	13.5

风道温度下降情况　　　　　　　　　　　　　表 10-10

56. 气幕

气幕是在隧道窑顶、侧墙用通风机分散送入整片急速气流，状如帷幕的一种分隔气体的装置。

按气幕的作用分为：①封门气幕，用以阻止冷空气漏入室内而设置于窑进车端的一道气幕；②搅拌气幕，使预热带气体搅动而减少窑内上下温差的气幕，多由窑顶以一定角度喷入与该处坯体温度相近的气体，迫使上升的较热气体下降而起搅动作用；③氧化气氛幕，将来自烧成带的还原性气氛（含有较多的一氧化碳）的烟气燃烧成氧化性气氛，即在 900~1000℃气氛转换处设置的空气幕；④急冷阻挡气幕，使用产品急冷并阻挡烧成带烟气倒流至冷却带的空气幕。

57. 摩擦系数、局部阻力系数、坯垛阻力

摩擦系数是指两表面间的摩擦力和作用在其一表面上的垂直力之比值。它和表面的粗糙度有关，而和接触面积的大小无关。依运动的性质，它可分为动摩擦系数和静摩擦系数。

摩擦系数大约为：

光滑金属管为 0.02。

不光滑金属管为 0.035~0.04。

砖砌管道为 0.05~0.06。

当气体湍流运动的方向或速度改变时，会发生压头损失，这种损失就叫作克服局部阻力上的压头损失。其大小用局部阻力系数表示。

局部阻力系数大约为：

急转弯 90°，为 1.5~2。

急转弯 45°，为 0.5。

圆滑转弯 90°时：①曲率半径 r：管道直径 $d=1$ 时，为 0.6；②$r:d=1.5$ 时，为 0.4；③$r:d=3$ 时，为 0.3；④$r:d=5$ 时，为 0.2。光滑管道数值较此小 40%~50%。

窑内坯垛码得规范，通道畅通，其长度方向阻力仅为 8~10Pa/m；如坯垛码得不规范，通道不畅通，其长度方向阻力将成倍增加。坯垛适当稀码，空隙大，阻力小，在同

样抽力下，有利于气体流过，可以快速烧成。

压头损失大对窑的操作不利。大的压头损失使得窑内产生大的压力降，致使漏出热气和吸入冷气的现象严重。大压头损失的窑炉需要强力的风机配合，从而增加了电能消耗，所以希望窑内压头损失愈小愈好。湍流时的压头损失与气体流速的 1.75～2 次方成正比，流速如减小一点，压头损失将明显减小。因此，减小气体流速是减小压头损失的重要方法。

就烧结砖瓦窑炉而言，压头主要损失在局部阻力上。因此，应着重考虑使气体转弯圆滑、转弯次数减少以及尽量不使气体改变流速。如果流速必须改变时，也尽量使其变化得缓和些。

58. 降低系统总阻力损失措施

系统总阻力损失越大，电量消耗越多。不但要增加动力设备的能耗，增加生产成本，而且限制了窑炉产量。降低系统总阻力损失意味着节约电能。

降低系统总阻力损失可采取以下措施：

（1）选取适当的流速。流速大，则摩擦阻力系数 $\sum h_m$ 和局部阻力损失 $\sum h_j$ 都相应增加；若取流速小，要保持既定产量，则会增大投资。一般用烟囱排烟时取 2～3m/s，用风机排烟时取 8～12m/s。

（2）对运行中的窑炉，要经常清除烟道内的积灰，在地下水位较高的地区，要防止烟道内积水。

（3）力求减少不必要的阻力损失，当烟道断面变化时，用逐步变化代替突然变化，用圆滑转弯代替直角转弯，用缓慢转弯代替急转弯。

（4）使管路光滑一些可以减小摩擦阻力系数。

（5）尽量缩短管道长度。

59. 通风机的种类

常用的有离心通风机和轴流通风机。

离心通风机按其所产生的压力分为三种：①压力在 1000Pa 以下的称为低压通风机；②压力在 1000～2000Pa 的称为中压通风机；③压力在 2000～10000Pa 的称为高压通风机。砖瓦坯体的人工干燥所需风机的压力都小于 2000Pa，故所使用的风机全是中、低压离心通风机。

60. 对运转中的排烟风机应检查的事项

（1）风机电流是否正常。

（2）润滑油是否正常。

（3）冷却水温度是否过高。

（4）风机的振动是否正常，紧固件有无松脱现象。

（5）烟气入口温度是否正常。

61. 窑车

窑车是用来运载制品并构成隧道窑密封而又活动的窑底。窑车主要由车衬、车架和车轮组成。

在隧道窑的配套系统中，窑车的使用数量较大，投入的费用较高，它的制造质量及使用过程中的维修保养水平，往往决定着窑炉是否能够正常运行及产品的产量、质量和成本。

1) 对窑车的基本要求

(1) 尺寸准确，密封性能好。

(2) 运行平稳灵活，坚固耐用，车衬能承受窑内高温反复作用，寿命长。

(3) 车衬质轻，保温效果好，蓄热少且散热损失少。

(4) 装卸方便，总高度不宜过大。

2) 窑车的车架

砖瓦隧道窑窑车的金属车架，过去大多采用铸铁制造，其优点是刚度好、热变形小、抗氧化、寿命长，但笨重。随着宽体隧道窑的逐步增加，以及窑车车衬、窑具的轻质化和隔热条件改善，现在窑车车架也大多改为轻便、容易制造的型钢结构。

3) 窑车的车轮

对车轮的要求：耐磨性能好，平行度高，推动时平稳省力。过去窑车轮径较大，一般为 400~450mm，现在窑车轮径较小，一般为 250~300mm，有利于减轻窑车质量，降低窑车高度。

4) 窑车车面垫层材料

窑车的车面层是隧道窑焙烧中最容易出现问题的部位。车面层与隧道窑两边内侧墙、内顶板形成了隧道窑窑道中的四个面，除车面层外，其他三个面的温度相对是稳定的，这三个面的热损失仅限于从里到外传热的热损失。而窑车车面层则不同，窑车运行中的每一次循环，都是在冷却状态下进入窑内，而窑车除了出窑时本身带出热量外，车面层材料向车下传热也是一种热损失。此外，车面层的吸热和蓄热也是重要的因素。事实上，车面层的表面温度也达到了最高焙烧温度，因此车面层的热损失与其所使用材料的传热和蓄热性能关系极大。车面层材料越厚，通过车面层的热损失就越小（传热量小）；但是车面层材料越厚，而车面层材料的蓄热就越大。车面层材料的厚度与蓄热成了车面材料选择中的一个矛盾。通常，车面层不需要由性能良好的材料组成，而是要由能够适应不同应力的数层材料组成。必须注意的是，车面层材料的顶部（表面）温度在焙烧期间几乎达到了最高的焙烧温度，因此这层材料在每一个烧成循环中都是从常温被加热到几乎 1000℃，所以顶层材料对蓄热有着重要的影响。为了减少蓄热带走的热量，车面顶层材料应尽可能的轻。车面层的下部材料仅经受较低的温度，对其蓄热量的大小影响甚微，所以底层材料可重一些。

窑车面垫层材料除了要有最小的热损失外，还必须达到如下要求：①它必须保证窑车形成的底面的密封性。②它必须能够安全地将焙烧的坯体成品输送到一定的位置，并且能够经受得起窑车的纵向弯曲应力。③车面垫层材料还必须经受得起由于温度的周期性变化而引起的尺寸变化。例如，一个宽 6m 的窑车车面在预热带约增大 26mm，而在冷却过程中的尺寸又要缩小 26mm（如果是 10.4m 宽隧道窑的窑车车面层，在加热到冷却期间的尺寸变化约为 45mm），因此，大断面隧道窑侧墙上的曲折密封槽的砌筑精确度是非常重要的。

窑车车面层材料选择一般要遵循如下原则：

（1）窑车车面应当由高质量的、低密度的耐火材料及轻质隔热材料组成。从底层到顶层的材料要能够适应周期性的温度变化。特别重要的是，顶层材料应尽可能地轻。

（2）车面底板应由钢板组成，并且这一层钢板应带有简单形状的或是梯形的皱折（瓦楞式），以便使砌筑材料与底层钢板有更好的结合，同时皱折形式钢板也增加了车架的刚度。车架与底层钢板连在一起形成了隔离窑车上下空气的第一层。底层钢板与车架在焙烧中经受着差不多的温度，因此，底层钢板的膨胀性能可不考虑（仅考虑车架的膨胀延伸即可）。

（3）车面层材料不能承受任何工作载荷（如坯垛重量），其工作载荷必须由专门的支撑构件来承担（如柱砖）。这种支撑构件可做成中空矩形，在其孔洞中填充隔热材料。这种方法在多年的实际使用中被证明是非常有效的。这种支撑构件最好不用普通烧结空心砖来替代，因普通烧结空心砖的抗热冲击性能不好，碎裂很快。

（4）在上述支撑构件上直接砌筑车面承重砖（砌块），其上再砌筑烟气通道砖。这两层由耐火材料制成的砖，由于蓄热量的影响，会增大热损失。因此，这两层砖的重量应尽可能的轻。烟气通道砖上直接码放的是坯体，因此，烟气通道砖的结构形式和孔洞大小也非常重要。烟气通道砖的结构形式不合理时，常会形成车面不平或歪斜，造成码坯困难。如烟气通道砖改成多齿形板，就是一种非常不合理的结构，因多齿耐火材料板抵御温度变化和抗热冲击的性能差，很容易破碎。从焙烧中的热工原理上讲，这种结构也不利于提高预热带的车面温度，会增大温差。此外，多齿形板还会对底层坯体在焙烧（干燥）中的收缩产生阻力，使底层不合格的制品增多。为了提高烟气通道砖及车面承重砖的使用寿命，建议可在这两种砖制造时的坯体中加入堇青石质耐火材料，以提高其耐热冲击性能。

（5）车面垫层材料应注意留好各层材料之间的膨胀收缩尺寸（留纵、横向伸缩缝），以保证车架、底层钢板、中间层、顶层之间的不同膨胀与收缩，并能连续运行，尽量减少维修。

（6）车面垫层的总厚度应通过计算确定，由于结构上的原因，其最小厚度应为 250mm。

5）窑车框砖及角砖制造要求

①周边的框砖及角砖要卡在窑车的车盘内。②采用相邻砖互相咬住成为一体的异形

砖。这样做即使受一些外力作用也不会出现外移和松动。

62. 窑车用电拖车的操作和维修要点

(1) 电拖车启动前必须首先发出声响信号。

(2) 将电拖车开到工作位置，并使电拖车上的轨道与地面上的轨道对准，此时方能进行推拉操作。

(3) 电拖车需待推杆完全复位后以及窑车全部进入或全部脱离电拖车后方能运行。

(4) 根据推拉操作需要，应及时准确地转动推块位置。

(5) 当利用推车机将窑车从电拖车上推入隧道窑内时，必须使推块处于顺向状态。严禁推块反向时推动窑车。

(6) 必须保持电拖车坑道的清洁，并及时对各润滑点进行润滑。

(7) 经常检查各紧固件有无松动现象，行程开关是否灵敏可靠，电气线路是否绝缘良好。

(8) 电拖车严禁超载运行。

(9) 根据使用情况，建立定期的大、中、小检修制度。

63. 隧道窑用螺旋推车机的操作和维修要点

(1) 螺旋推车机应安装在合格的基础及矫正好的轨道上，四个车轮均应与轨面接触，且转动灵活。

(2) 浮动联轴器与丝杆轴装配时，必须保证设计要求的同心度。

(3) 丝杆和车架的装配应旋合自如，车架运行轻便。

(4) 根据试车情况，确定行程开关的正确位置，严防螺母脱离丝杆。

(5) 必须确认电托车上的窑车轨道与地面上的窑车轨道对准后，方可启动推车机。

(6) 设备运行必须平稳，不得有杂声和异响，行程开关要灵敏可靠。

(7) 当发现推车机电流过大时，需查明原因，排除故障后方可继续使用。

(8) 必须对各润滑点保持一定的润滑油量。

(9) 根据实际生产情况建立大、中、小检修制度。检查各部位的轴承，作必要的清洗和更换；检查三角皮带的松紧程度、易损件磨损情况，作必要的更换；对丝杆螺纹作必要的清洗。

64. 隧道窑用液压顶车机的操作和维修要点

(1) 油缸、油箱及所有输油管路使用前均需严格用油冲洗。

(2) 向油缸内送油时，应先将其两端的排气阀打开，待排气阀中有油喷出时方可关闭。

(3) 油缸压力试验时，需在试验压力下保压 5min，各密封处不得有漏油现象。

(4) 试压后，应进行空负荷运行，往复次数不少于 10 次，运行时应平稳无卡阻。

(5) 工作油温不低于 15℃，不高于 60℃。

(6) 需按确保窑车进入窑门后（窑门可关闭）的适当位置，并在推车机推头允许的行程范围内，安设限位开关。

（7）需待电托车停稳并对准窑轨道后方可开动推车机。

（8）经常保持推车机的清洁，给所有转动、滚动部位注以润滑油。

（9）经常检查各密封部位是否漏油，并定期更换工作介质。

（10）不允许推动超过推车机最大允许推力的载荷。

（11）根据生产情况建立大、中、小检修制度。

65. 中小断面隧道窑操作"十忌"

一忌进车无常。有的窑未能做到按时进车，有时一小时进几车，有时几小时不进一车，造成焙烧曲线变化无常，体现不出隧道窑"定点焙烧、稳定传热"的先进之处。

二忌用闸无谱。隧道窑不是轮窑，在其他因素未变的正常情况下，闸的提法一旦确定后，无须再动。但有的厂一个操作工一个提法，三班三种做法，频繁动闸，造成火焰"无所适从"。

三忌湿坯入窑。有的厂将含水率高达10％以上的湿坯体送入窑内，其结果：一是增加了排烟设备负担；二是当烟气中水分到达露点时，坯体回潮软化，导致湿塌；三是在遇高温水分急剧蒸发时，造成坯体爆裂。

四忌砂封缺砂。自1751年发明隧道窑之后，长达130年未能用于实际生产，其中的一个关键问题是没有解决窑车上下空间的密封问题。直到发明砂封后，隧道窑才得到推广应用。砂封槽缺砂必然造成窑车上下漏气。有的部位冷气上窜，促使窑道内温差扩大，底部制品欠火；有的部位热气下窜，将窑车金属构件烧变形，烤焦窑车轴承润滑油。砂封板插入砂粒中的深度以80～100mm为宜。插入过深，阻力太大；插入过浅，不易窑封严实。

五忌窑尾掏车。有的厂为了提高窑的产量，不惜采用"拔苗助长"的办法，缩短进车的间隔时间，逼迫烧成带向冷却带偏移，与此同时，在出车端掏出3～6辆窑车。这样做等于截掉一段窑体，使焙烧曲线变陡，火温大起大落。升温快时，砖坯表面急剧玻化，其内部产生的气体无法透过高黏度的熔体逸出，致成"面包砖"；降温时，窑内未充分冷却的高温制品强行拖到外界遇空气急冷，不但会导致制品裂纹，而且要散失不少热量。

六忌火眼敞口。有的厂经常将烧成带始端的一些火眼盖打开，向窑内灌入冷空气，以达到阻碍火焰前进的目的；将烧成带末端的一些火眼盖打开放掉一些热气，以达到避免制品过烧的目的。前者增加了排烟风机的负担，后者多耗了热量。凡能平衡生产、严格管理的厂就无须采用这种多耗能量、搅乱既定焙烧曲线的做法。

七忌窑门不严。窑门翘曲，四周漏风，增加了排烟风机的额外负担，牵制了火焰前进；有的在进车时，动作迟钝，窑门开启时间过长。须知，此时排烟风机基本上排除的全是进车端来的冷空气，火焰处于停顿状态，因而削弱了窑的生产能力。从计算得知，有些厂由窑门漏入的冷空气高达废气总量的40％。减少窑门漏气的根本措施是设置进车室，即在进车端设双层门。

八忌投煤违规。凡需外投煤的，应做到勤投少投，看火投煤，以求煤的完全燃烧。（投煤频次过多也不合适。因为这样要频繁揭火眼盖，致使外界大量冷空气吸入窑内或窑内热气体溢到外界，有碍焙烧制度的准确执行）。有的偷懒省事，一次投煤量很大，投煤间隔时间很长，造成初加煤时氧气不足，燃烧不畅，而在长期间隔中又不能保持火度平稳上升，不但浪费燃料，而且影响窑的生产量和制品的质量。

投入窑内的外燃煤的颗粒大小应适当。因燃烧速度与燃料颗度有关，燃料越细，则燃烧速度越快，火度越高。但燃料也不应粉碎过细，因为：①粉碎过细要多消耗电能和增加设备磨损，提高生产成本；②过细的燃料投入窑内也不易落底，会出现上火旺盛，下火萎靡。粒度小于 0.5mm 时有可能被气流带入烟道，因而增加煤耗。经验证明，粒度以 1～5mm 为宜。粒度过粗会使燃料沉底，造成不完全燃烧。

浙江省杭州连新建材有限公司的隧道窑长 160m，内宽 3.2m（一条龙一次码烧）。外投煤采用喷煤器，窑顶 9 台，2.2kW/台；窑两边各 5 台（各用 3 台，2 台备用），1.5kW/台。喷入窑内煤粉颗粒粒径为 1mm 以下。必须使用干煤粉，湿煤粉会堵塞设备。

九忌热车淋水。有的砖厂采用隧道窑一次码烧工艺，因湿冷坯体在干热窑车上，底层坯的底面被烤，急剧失水收缩，造成开裂。为了解决这一问题，就在车面上淋水。某厂每台窑车约淋水 30kg，每天进窑的车数为 32 辆，如按蒸发 1kg 水热耗 1000×4.18kJ 计算，一天多耗热 960000×4.18kJ，折 137kg 标煤，一年多耗标煤约 50t。且窑车在高温和骤冷的反复作用下，耐火衬砖的寿命大大降低，显然此法不可取。最好的办法是增加窑车数量，让它冷却到一定程度再使用。

十忌检坑堵塞。检查坑道的作用：①存放漏至车下的煤渣、碎砖等（燃煤隧道窑的检查坑道每隔 15d 左右须清渣一次）；②便于检查和处理事故；③平衡窑车上下风压。根据通风量等情况的需要，可在合适的部位设置挡门、挡板、压力平衡风机（管）。如果坑道堵塞，无法下人清理和处理事故，同时车上热气会大量流窜至车下，损坏窑车。

66. 烧结砖瓦生产工艺的提升离不开自动化技术

中华人民共和国成立七十余年来，尤其是改革开放四十余年来，我国的烧结砖瓦工艺得到了蓬勃发展。但是和发达国家相比，我国的烧结砖瓦工艺仍较落后。

目前，我国有 3.5 万余家烧结砖瓦厂，是全世界生产砖瓦数量最多的国家，堪称砖瓦生产大国，但绝不是砖瓦生产强国。生产工艺达到或接近国际先进水平的只有百余家，其余生产厂家仍具有较大的提高空间。要使我国由砖瓦生产大国转变为砖瓦生产强国，还需要广大砖瓦工作者付出巨大的努力。

针对我国砖瓦工艺的现状，须在如下方面作出努力：

（1）提升砖瓦生产线各环节的装备水平，提高机械化、自动化、智能化程度。

（2）用工业机器人和码坯机码坯代替繁重的人工码坯。

（3）采用自动配原料、燃料装置，以确保用于生产砖瓦的原料成分准确、稳定。

（4）采用自动配水装置，以确保用于成型的泥料含水率准确、稳定。

（5）采用自动坯体干燥控制技术，以提高坯体干燥热效率和坯体干燥合格率。

（6）采用自动成品焙烧控制技术，以提高成品焙烧热效率和成品焙烧合格率。

（7）采用成品自动捆扎包装装置，以代替繁重的人工卸成品及堆垛。

实施以上各点均离不开自动化技术，自动化技术在烧结砖瓦工艺的升级、改造工作中是可以大有作为的。

随着自动化技术在烧结砖瓦生产线上的推广运用，可以预见在不久的将来，我国数以万计的砖瓦厂将会"旧貌变新颜"；节能减排取得明显成效；工人劳动条件大大改善；产品质量大幅度提高；产品品种不断扩大：质量上乘的烧结隔热保温砌块、清水墙装饰砖、装饰陶板、劈离砖、铺路砖、烧结装饰屋面瓦、烧结砖条板和墙板等大量涌现，以满足人们生活水平不断提高的需求。

参 考 文 献

［1］ 姜金宁. 硅酸盐工业热工过程及设备［M］. 北京：冶金工业出版社，2006.
［2］ 赵镇魁，刘勤锋. 烧结砖瓦工艺 800 问［M］. 北京：中国建筑工业出版社，2020.

后　记

　　隧道窑发明于 1751 年，至今已有 270 多个年头，在这漫长的岁月里，人们不断探索、改进，取得了很大的进步。但是实践无穷，认识无穷，热工理论无止境。焙烧砖瓦隧道窑还有许多我们没有发现的"新大陆"，还有许多没有求出答案的未知数。新的成就属于勇于探索、善于探索的砖瓦工作者。